图灵程序设计丛书

EFFECTIVE C

Effective C 中文版

AN INTRODUCTION TO
PROFESSIONAL C PROGRAMMING

[美] 罗伯特·C.西科德（Robert C. Seacord）◎著

王林生 ◎译

人民邮电出版社

北 京

图书在版编目（ＣＩＰ）数据

Effective C中文版 ／（美）罗伯特·C.西科德
(Robert C. Seacord) 著；王林生译. -- 北京：人民
邮电出版社，2023.4
　（图灵程序设计丛书）
　ISBN 978-7-115-61295-3

　Ⅰ. ①E… Ⅱ. ①罗… ②王… Ⅲ. ①C语言－程序设
计 Ⅳ. ①TP312.8

中国国家版本馆CIP数据核字(2023)第040021号

内 容 提 要

　　本书带领读者通过练习掌握编写现代 C 程序的方法和技巧。全书分为 11 章，首先概述 C 语言编程的基本概念，然后详解 C 语言的所有构成要素，包括变量、对象、函数、数据类型、运算符、表达式、控制流、动态内存分配、预处理器等，最后带领读者利用这些构成要素构建实用的系统，学习如何调试、测试、分析代码。学透本书，你就能成为专业的 C 程序员，编写出安全、高质量、可移植的 C 程序。

　　本书适合所有想编写优秀 C 程序的读者阅读。

◆　著　　　　[美] 罗伯特·C. 西科德（Robert C. Seacord）
　　译　　　　王林生
　　责任编辑　张海艳
　　责任印制　胡　南
◆　人民邮电出版社出版发行　　北京市丰台区成寿寺路11号
　　邮编　100164　电子邮件　315@ptpress.com.cn
　　网址　https://www.ptpress.com.cn
　　三河市中晟雅豪印务有限公司印刷
◆　开本：800×1000　1/16
　　印张：14　　　　　　　　　2023年4月第1版
　　字数：313千字　　　　　　2023年4月河北第1次印刷
　　著作权合同登记号　图字：01-2021-1724号

定价：89.80元
读者服务热线：(010)84084456-6009　印装质量热线：(010)81055316
反盗版热线：(010)81055315
广告经营许可证：京东市监广登字 20170147 号

版 权 声 明

献给我的孙女 Olivia 和 Isabella，以及其他将成长为科学家和工程师的年轻女士们。

推荐序一

我第一次听说罗伯特·C. 西科德的大名是在 2008 年。罗伯特因其撰写的《C 安全编码标准》一书和在 C 语言标准附录 K 方面的工作而在 C 语言编程领域广为人知。同样是在 2008 年，少不更事的我刚开始 Frama-C 项目没几年的时间，该项目的目标是保证 C 程序中不出现未定义的行为。某个时候，一份关于 C 编译器（尤其是 GCC）如何移除某些指针算术溢出检查的 CERT 漏洞说明引起了我的兴趣。编译器有理由去掉这些检查：幼稚的写法，当产生溢出时，会导致未定义的行为。

C 编译器也可以不告诉程序员他们做错了什么，即便是在最高警告级别。C 语言中未定义的行为颇为苛刻。我已经解决了这个问题。罗伯特是该说明的作者之一。

这本书将教授你现代 C 语言编程，帮助你养成良好的编程习惯，远离未定义行为，不管这些行为是自愿的还是由于疏忽。警示读者：在大型 C 程序中，仅仅避免普通的编程错误未必足以消除由任意输入引起的未定义行为。

这本书对于 C 语言编程的安全性方面的强调是前所未有的。我个人的建议是，读完这本书之后，把书中提到的所有工具全都用上，避免在你编写的 C 程序中出现未定义行为。

Pascal Cuoq
TrustInSoft 首席科学家

推荐序二

当我在 25 年前开始从事网络安全工作时，主要是通过查找和利用 C 程序中不安全的内存处理来学习技能。即便是在当时，这类漏洞也已经存在 20 多年了。在 BlackBerry 工作期间，随着涉足大量的代码审查，我目睹了错误的观念会让 C 语言变得有多么危险。现在，作为一家跨国网络安全专业和托管服务公司的全球首席技术官，我每天都能看到差劲的 C 语言代码对我们这个互联社会造成的影响。

时至今日，我们在编写安全和专业的 C 语言代码方面仍然面临诸多挑战。很多在编译器和操作系统层面的风险消减创新经常遭到削弱。即使我们看到其他现代语言的先进创新，对 C 语言的需求仍呈增长之势，尤其是在物联网或其他资源高度受限的环境中。

罗伯特是 C 语言专业化和安全化编程方面的权威。十多年来，我一直在向客户和内部团队推荐他的作品。没有人比他更适合教授如何以专业和安全的方式进行 C 语言编程。

如今，编写专业的 C 语言代码意味着开发高性能、安全和可靠的系统。遵循这种做法，你便能在不增加技术债的情况下为我们的互联社会做出贡献。

这本书将帮助那些拥有很少或没有 C 语言经验的人快速习得知识和技能，以成为专业的 C 程序员，同时为开发高性能、安全和可靠的系统打下坚实的基础。

Ollie Whitehouse
NCC Group 全球首席技术官

前　言

作为系统编程语言，C 语言诞生于 20 世纪 70 年代，即使过了这么久，它仍旧非常流行。系统编程语言旨在提高性能并简化底层硬件访问，同时提供高级编程特性。虽然其他语言也会提供更新颖的语言特性，但它们的编译器和库通常是用 C 语言编写的。Carl Sagan[1] 曾经说过：“如果你想从头开始制作苹果派，就得先创造宇宙。”C 语言的发明者并没有创造宇宙，他们设计了 C 语言，使其与各种计算硬件和体系结构一起工作，而后者又受限于物理学和数学。C 语言直接位于计算硬件之上，与将自身效率与 C 语言捆绑在一起的高级语言相比，C 语言对不断发展的硬件特性（比如矢量化指令）更加敏感。

根据 TIOBE 编程社区指数[2]，自 2001 年以来，C 语言一直位居最受欢迎编程语言排行榜的第一名或第二名。C 语言还是 TIOBE 2019 年的年度编程语言。C 语言的流行很可能归因于该语言的以下几条原则，即 **C 语言的精神**。

- 信任程序员。一般而言，C 语言假定你知道自己在做什么，也允许你去做。这未必是一件好事。（例如，当你不知道自己在做什么的时候，情况就不那么妙了。）
- 不阻止程序员做该做的事。因为 C 语言属于系统编程语言，所以它必须能够处理各种底层任务。
- 保持语言自身的小巧和简单。C 语言的设计旨在紧密贴近硬件，占用少量的空间。

---

[1] Carl Sagan（1934—1996），美国著名的天文学家、天体物理学家、宇宙学家、科幻小说及科普作家，亦是行星学会的创建人。——译者注

[2] TIOBE 编程社区指数（TIOBE Programming Community Index）是编程语言受欢迎程度的指标。该评级衡量的是每种语言的熟练工程师、课程和第三方供应商的数量，有助于你在构建新的软件系统时决定学习或采用哪种编程语言。

❑ 一种操作只提供一种方法。这也被称为**机制守恒**（conservation of mechanism），C 语言试图限制重复机制的引入。

❑ 要快，即便无法保证可移植性。允许编写出效率最优的代码是重中之重。将确保代码可移植性、安全性和可靠性的责任交给程序员。

C 语言简史

C 语言是 Dennis Ritchie 和 Ken Thompson 于 1972 年在贝尔电话实验室（Bell Telephone Laboratories）开发的。Brian Kernighan 与 Dennis Ritchie 合著了《C 程序设计语言》。1983 年，美国国家标准学会（American National Standards Institute，ANSI）成立了 X3J11 委员会来建立一个标准的 C 语言规范。1989 年，C 语言标准被批准为 ANSI X3.159-1989，"Programming Language C"。该语言的 1989 版本称为 ANSI C 或 C89。

1990 年，国际标准化组织（International Organization for Standardization，ISO）和国际电工委员会（International Electrotechnical Commission，IEC）组成的联合技术委员会通过了 ANSI C 标准（未做修改），并作为 C 语言标准的第一版，即 C90，发布（ISO/IEC 9899:1990）。C 语言标准的第二版，即 C99，于 1999 年发布（ISO/IEC 9899:1999）；第三版，即 C11，于 2011 年发布（ISO/IEC 9899:2011）。C 语言标准的最新版本（截至本书撰写时）是第四版，即 C17，于 2018 年发布（ISO/IEC 9899:2018）。ISO/IEC 正在编制一个新的主要修订版，称为 C2x。根据 JetBrains 的 2018 年调查数据，52% 的 C 程序员使用的是 C99，36% 使用的是 C11，23% 使用的是 C 语言的嵌入式版本。[①]

C 语言标准

C 语言标准（ISO/IEC 9899:2018）定义了该语言，是语言行为的最终权威。尽管标准晦涩难懂，但如果打算编写可移植、安全且可靠的代码，就必须理解标准。C 语言标准为实现提供了很大的自由度，使其在各种硬件平台上都能实现最佳效率。**实现**（implementation）是 C 语言标准中用来指代编译器的术语，定义如下。

特定的一组软件，运行在特定控制选项下的特定翻译环境中，为特定的执行环境翻译程序，并支持在特定的执行环境中执行函数。

这个定义表明，每个具有特定命令行选项的编译器和 C 标准库，都被认为是一个独立的实现，不同的实现可以有明显不同的**由实现定义的行为**。这在 GCC（GNU Compiler Collection，GNU

---

① 此次调查的详情参见 JetBrains 网站。

编译器合集）中很明显，它使用-std=选项来指定语言标准。该选项的可能取值包括 c89、c90、c99、c11、c17、c18 和 c2x。默认值取决于编译器的版本。如果没有给出 C 语言方言选项，那么 GCC 10 的默认值就是-std=gnu17，该值提供了 C 语言的扩展。为了实现可移植性，请指定所使用的语言标准。要想使用新的语言特性，可以指定最近的标准。在 GCC 8 及其后续的版本中，-std=c17 是一个不错的选择（在 2019 年）。

因为实现有如此多的行为，而且其中一些行为还是未定义的，所以不可能仅靠写几个简单的行为测试程序就能理解 C 语言。[1]在编译代码时，使用不同平台的不同实现，甚至使用不同选项或不同 C 标准库的相同实现，都可能会产生不同的代码行为。就连在编译器的不同**版本**之间，代码行为都会不一样。C 语言标准是唯一的文档，它规定了哪些行为在所有实现中都有保证，在哪些方面需要考虑到可变性。这主要是在开发可移植代码时要关注的问题，但也会影响到代码的可靠性和安全性。

CERT C 编码标准

《C 安全编码标准：开发安全、可靠、稳固系统的 98 条规则（原书第 2 版）》是我在卡内基–梅隆大学软件工程学院管理安全编码团队时写的一本参考书。该书包含了常见的 C 语言编程错误示例以及如何纠正这些错误。本书引用了其中的一些规则作为特定 C 语言编程主题的详细信息来源。

本书的目标读者

本书是 C 语言的入门书。在不降低难度的同时，本书在编写方式上尽可能地让想学习 C 语言编程的读者易于接受。换句话说，本书没有像其他很多入门书和课程那样过度简化 C 语言编程。这些过于简化的参考资料会教你如何编译和运行代码，但写出的代码仍然可能是错的。通过这种资源学习 C 语言编程的开发人员写出的代码往往不合标准、存在缺陷且不安全，最终还得返工重写（迟早的事）。希望这些开发人员所在组织内的高级开发人员最终会对其施以援手，帮助他们忘记这些 C 语言编程中的有害误解，教他们着手开发具有专业质量的 C 语言代码。另外，本书将迅速教会你如何开发正确、可移植且高质量的代码，为开发可靠关键型（security-critical）系统和安全关键型（safety-critical）系统奠定基础，也许还会教你一两件甚至连组织中的高级开发人员都不知道的事情。

本书简明扼要地介绍了 C 语言编程基础，能很快教会你编写程序、解决问题以及建立工作系

---

① 如果你想尝试，Compiler Explorer 是一个不错的工具。

统。代码示例既地道又直观易懂。

在本书中，你将学习 C 语言的基本编程概念，并通过每个主题的练习来实际编写高质量的代码。你还将学到开发正确、安全的 C 语言代码的良好软件工程实践。访问本书的网页 https://www.nostarch.com/effective_c/，或浏览 http://www.robertseacord.com/，我在其中提供了内容更新和补充材料。[①]如果在读完本书后，你还有兴趣进一步学习 C、C++或其他语言的安全编程技术，请查看 NCC Group 提供的相关培训课程。

本书内容

本书以介绍性章节开始，涵盖的内容正好够你入门编程。在此之后，我们再回过头来介绍语言的基本构建块。最后两章展示如何使用这些基本构建块搭建真实的系统，以及如何调试、测试和分析你编写的代码。各章内容如下。

第 1 章　C 语言入门　你将编写一个简单的 C 程序，以熟悉 main 函数的用法。你还会看到编辑器和编译器的一些选项。

第 2 章　对象、函数和类型　介绍声明变量和函数等基础知识。你还将了解使用基本类型的原则。

第 3 章　算术类型　学习两种算术数据类型：整数类型和浮点类型。

第 4 章　表达式和运算符　学习运算符以及如何编写简单的表达式来操作各种对象类型。

第 5 章　控制流　学习如何控制语句的求值顺序。这一章先从定义要执行工作的表达式语句和复合语句开始，然后会介绍 3 种决定执行哪些代码块以及以什么顺序执行的语句：选择、迭代和跳转。

第 6 章　动态分配内存　学习在运行期从堆中动态分配内存。如果在程序运行之前不清楚程序的具体内存需求，那么动态分配内存就能派上用场了。

第 7 章　字符和字符串　学习用于组成字符串的各种字符集，包括 ASCII 和 Unicode，了解如何使用 C 标准库中的遗留函数、边界检查接口以及 POSIX 和 Windows API 来表示和操作字符串。

第 8 章　输入/输出　教你如何执行输入/输出（I/O）操作以向终端和文件系统读写数据。I/O 涉及信息进出程序的所有方式，没有这些，你的程序将毫无用武之地。这一章将介绍利用 C 标准流和 POSIX 文件描述符的各种技术。

---

① 也可以通过图灵社区浏览本书中文版网页或提交中文版勘误：*ituring.cn/book/2929*。——编者注

第 9 章　预处理器　学习如何使用预处理器包含文件、定义对象式宏和函数式宏，以及根据实现的特定特性有条件地包含代码。

第 10 章　程序结构　学习如何将程序组织成由源代码和包含文件组成的多个翻译单元。了解如何将多个目标文件链接在一起，创建库和可执行文件。

第 11 章　调试、测试和分析　介绍生成正确程序的工具和技术，包括编译期断言和运行期断言、调试、测试、静态分析以及动态分析。另外还会讨论在软件开发过程的不同阶段推荐使用的编译器选项。

你即将踏上旅程，成为一名新晋的专业 C 程序开发人员。

关于贡献者

Aaron Ballman 是 GrammaTech 公司的一名编译器前端工程师，主要从事静态分析工具 CodeSonar 方面的工作。他也是 Clang（一款流行的 C、C++ 以及其他语言的开源编译器）的前端维护人员。Aaron 是 JTC1/SC22/WG14 C 语言标准委员会和 JTC1/SC22/WG21 C++ 语言标准委员会的专家。Aaron 将职业重心主要放在通过更好的语言设计、诊断和工具帮助程序员识别代码中的错误。

关于技术审校人

Martin Sebor 是 Red Hat 公司 GNU Toolchain Team 的首席软件工程师。他主要关注 GCC 编译器，检测、诊断、预防 C 程序和 C++ 程序中的安全相关问题，以及实现基于字符串算法的优化。在 2015 年加入 Red Hat 之前，他曾在思科公司担任编译器工具链工程师。Martin 自 1999 年以来一直是 C++ 语言标准委员会的成员，从 2010 年开始作为 C 语言标准委员会的成员。

电子书

扫描如下二维码，即可购买本书中文版电子书。

致　　谢

感谢所有为本书做出贡献的人。首先感谢 No Starch Press 的 Bill Pollock，是他锲而不舍地邀请我写一本关于 C 语言的书。

感谢 Pascal Cuoq 和 Ollie Whitehouse 为本书所写的精彩的推荐序。

在我的写作过程中，Aaron Ballman 可以称得上是一位得力的合作伙伴。除了贡献两章内容，他还审查了其他方方面面（经常不止一遍），帮我解决了由浅入深的各种问题。

作为 C 语言标准委员会名誉成员，Douglas Gwyn 帮助审查了全书所有章。当我的写作水平没有达到他的标准时，他为我指引了正确的方向。

Martin Sebor 是我的益友，他担任了本书的官方技术审校人，你发现的任何不准确之处肯定跟他脱不了干系。

除了 Aaron、Douglas 和 Martin，C 语言标准委员会和 C++语言标准委员会的其他几位杰出成员也审阅了各章，他们是 Jim Thomas、Thomas Köppe、Niall Douglas、Tom Honermann 和 JeanHeyd Meneide。我在 NCC Group 的一些同事也是本书的技术审校人，包括 Nick Dunn、Jonathan Lindsay、Tomasz Kramkowski、Alex Donisthorpe、Joshua Dow、Catalin Visinescu、Aaron Adams 和 Simon Harraghy。与上述组织无关的技术审校人包括 David LeBlanc、Nicholas Winter、John McFarlane 和 Scott Aloisio。

还要感谢 No Starch Press 的以下专业人员，是他们确保了本书的质量：Elizabeth Chadwick、Frances Saux、Zach Lebowski、Annie Choi、Barbara Yien、Katrina Taylor、Natalie Gleason、Derek Yee、Laurel Chun、Gina Redman、Sharon Wilkey、Emelie Battaglia 和 Dapinder Dosanjh。最后，感谢 Drew 和 Chelsea Hoffman 协助编制本书英文版的索引。

目　　录

第 1 章

C 语言入门

在本章中，你将编写自己的第一个 C 程序：传统的 "Hello, world!"
程序。我将带你了解这个简单程序的方方面面，以及如何编译和运行
C 程序。接着我们会讨论一些编辑器选项和编译器选项，列举常见
的可移植性问题，这些问题在你编写 C 程序时应该会经常碰到。

1.1 编写第一个 C 程序

学习 C 语言编程的最佳方法是亲自动手写代码，而传统的入门程序就是 "Hello, world!"。

要编写这个程序，需要一个文本编辑器或**集成式开发环境**（Integrated Development Environment，
IDE）。可供选择的工具有很多，但目前，先打开你惯用的编辑器，随后本章会考察其他选项。

在文本编辑器中，输入代码清单 1-1 所示的程序。

代码清单 1-1 hello.c 程序

```
  #include <stdio.h>
  #include <stdlib.h>
❶ int main(void) {
❷   puts("Hello, world!");
❸   return EXIT_SUCCESS;
❹ }
```

我们很快会详细介绍这个程序中的每一行。现在先把文件保存为 hello.c。文件扩展名.c 表示
该文件中包含的是 C 语言源代码。

注意　如果购买了电子书，则可以把源代码复制并粘贴到编辑器。尽可能使用复制和粘贴功能，这样可以减少输入错误。

1.1.1　编译并运行程序

接下来需要编译并运行程序，这涉及两个独立的步骤。可以从多种 C 编译器中挑选一个，具体的编译命令取决于所选用的编译器。在 Linux 或其他类 Unix 操作系统中，可以使用 cc 命令调用系统的编译器。编译程序时，在命令行中输入 cc 以及要编译的文件名即可。

```
% cc hello.c
```

注意　这些命令针对的是 Linux 操作系统和类 Unix 操作系统。其他操作系统的其他编译器则需要不同的调用方式。可参考特定编译器的文档。

如果输入的文件名无误，那么编译器就会在源代码文件所在的目录中创建一个名为 a.out 的新文件。使用 ls 命令检查目录会看到下列内容。

```
% ls
a.out hello.c
```

a.out 文件就是可执行程序，你现在就可以在命令行中运行下列内容。

```
% ./a.out
Hello, world!
```

如果一切顺利，那么该程序会在终端窗口打印出 Hello, world!。否则，比对一下代码清单 1-1 中的源代码，看看是不是哪里写错了。

cc 命令有大量的标志和编译器选项。-o file 可以让你用指定的可执行文件名代替默认的 a.out。下列命令将可执行文件名指定为 hello。

```
% cc -o hello hello.c
% ./hello
Hello, world!
```

现在来逐行考察 hello.c 程序。

1.1.2 预处理器指令

hello.c 程序的前两行是#include 预处理器指令，其行为就像是在同样的位置使用指定文件的内容替换相应的预处理器指令。我们加入了头文件<stdio.h>和<stdlib.h>，以便调用其中声明的函数。puts 函数在<stdio.h>中声明，宏 EXIT_SUCCESS 在<stdlib.h>中定义。如文件名所示，<stdio.h>包含 C 标准 I/O 函数的声明，<stdlib.h>包含一般类实用工具函数的声明。只要在程序中用到了这些库函数，都要加入相应的声明。

1.1.3 **main** 函数

代码清单 1-1 中所示的程序的主体部分以❶起始。

```
int main(void) {
```

该行指定了程序启动时调用的 main 函数。当从命令行或其他程序中调用该程序时，main 函数定义了在托管环境中的主入口点。C 定义了两种可能的执行环境：**独立环境**（freestanding）和**托管环境**（hosted）。独立环境可能不提供操作系统，通常用于嵌入式编程。这类实现提供了最小数量的库函数，程序启动时调用的函数名和类型由实现定义。本书基本上假设处于托管环境中。

将 main 定义为返回 int 类型的值，圆括号中的 void 表示该函数不接受参数。int 类型是一种有符号整数类型，可用于表述正整数、负整数以及 0。类似于其他过程语言，C 程序由能够接受参数并返回值的过程（称为**函数**）组成。每个函数都是一个可重用的工作单元，可以在程序中根据需要频繁调用。在本例中，main 函数的返回值指明该程序是否顺利结束。该函数❷执行的实际工作是打印出 Hello,world!。

```
puts("Hello, world!");
```

puts 函数属于 C 标准库函数，用于将字符串参数写入 stdout（通常代表控制台或终端窗口），另外还会在输出内容末尾添加换行符。"Hello, world!"是一个字符串字面量（string literal），其行为就像是只读字符串。puts 函数会在终端输出 Hello, world!。

程序结束后，如果想退出，可以在 main 函数中使用 return 语句❸，以此向托管环境或调用脚本（invoking script）返回一个整数值。

```
return EXIT_SUCCESS;
```

EXIT_SUCCESS 是一个类似于对象的宏（object-like macro），通常会被扩展为 0，其典型定义如下所示。

```
#define EXIT_SUCCESS 0
```

EXIT_SUCCESS 的每一次出现都被替换为 0，然后在 main 调用中返回给托管环境。调用该程序的脚本可以检查程序的结束状态，确定此次调用是否成功。从 main 函数返回等同于调用 C 标准库函数 exit，并使用 main 函数的返回值作为参数。

该程序的最后一行❹是一个右花括号（}），用于关闭 main 函数声明的代码块。

```
int main(void) {
// ---snip---
}
```

左花括号（{）既可以和声明处于同一行，也可以单独放置一行，如下所示。

```
int main(void)
{
// ---snip---
}
```

具体选择哪一种形式纯粹属于风格问题，因为空白字符（包括换行符）一般没有语法意义。本书中通常将左花括号和函数声明放在同一行，因为这样看起来更紧凑。

1.1.4   检查函数返回值

函数往往会返回一个值，要么作为计算结果，要么指明该函数是否顺利完成任务。例如，在"Hello, world!"中使用的 puts 函数会打印出指定的字符串并返回 int 类型的值。如果出现写入错误，那么 puts 函数就会将宏 EOF（一个负整数）作为返回值；否则，返回非负整数值。

尽管在我们这个简单的程序中，puts 函数不大会出现问题并返回 EOF，但也不是不可能。这是因为调用 puts 也许会失败，这意味着你的第一个 C 程序存在 bug，或者说，至少有改进余地。

```
#include <stdio.h>
#include <stdlib.h>
int main(void) {
  if (puts("Hello, world!") == EOF) {
    return EXIT_FAILURE;
    // 此处代码不会执行
  }
  return EXIT_SUCCESS;
  // 此处代码不会执行
}
```

"Hello, world!"程序的修订版会检查 puts 调用的返回值是否为表明写入错误的 EOF。如果是，那么程序就将宏 EXIT_FAILURE（一个非 0 值）作为返回值。否则，说明函数执行成功，程序返回 EXIT_SUCCESS（要求该值为 0）。调用该程序的脚本可以检查返回值，以此决定程序是否成功。return 语句之后的代码属于永远都不会执行的**死代码**。这是修订版程序中的单行注释。//之后的所有内容都会被编译器忽略。

1.1.5　格式化输出

puts 函数是一种将字符串写入 stdout 的简单且易用的方法，但最终还需使用 printf 函数打印格式化输出，例如，打印字符串以外的参数。printf 函数接受一个格式化字符串（format string），用于定义输出格式，后跟数量不一的参数，这些参数就是要打印的实际值。如果想使用 printf 函数打印出 Hello, world!，可以像下面这样写。

```
printf("%s\n", "Hello, world!");
```

第一个参数是格式化字符串"%s\n"。%s 是转换说明（conversion specification），指示 printf 函数读取第二个参数（字符串字面量）并将其打印到 stdout。\n 是字母转义序列，用于表示非图形字符，并告诉函数在字符串之后加入一个新行。如果没有此转义序列，则接下来的字符（可能是命令提示符）将出现在同一行。该函数调用的输出如下所示。

```
Hello, world!
```

注意不要把用户提供的数据夹杂在第一个参数中传给 printf 函数，因为这样做会导致格式化输出安全漏洞（Seacord，2013）。

如前所述，输出字符串最简单的方式就是使用 puts 函数。如果在"Hello, world!"程序的修订版中使用 printf 代替 puts，那么你会发现程序失效了，原因在于 printf 函数的返回值不同于 puts 函数。如果执行成功，那么 printf 函数就会返回已打印出的字符数；如果出现输出错误，则返回负数。作为练习，可以尝试在"Hello, world!"程序中改用 printf 函数。

1.2　编辑器和集成式开发环境

可以使用各种编辑器和 IDE 来开发 C 程序。图 1-1 显示了最常用的编辑器（根据 JetBrains 于 2018 年的一项调查）。

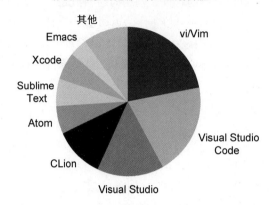

图 1-1   IDE/编辑器使用情况

具体的可用工具取决于你所使用的系统。本书重点关注 Linux、Windows 和 macOS，这也是最常见的开发平台。

对于 Microsoft Windows，显而易见的选择是 Microsoft Visual Studio IDE。Visual Studio 有 3 个版本：社区版（Community）、专业版（Professional）和企业版（Enterprise）。社区版的优势在于免费，其他版本则有付费功能。对本书来说，社区版就足够了。

对于 Linux，就没那么好选了。Vim、Emacs、Visual Studio Code 和 Eclipse 都是备选项。Vim 是很多开发人员和高级用户的选择。这是一款基于 vi 编辑器的文本编辑器，Bill Joy 于 20 世纪 70 年代编写了前者的 Unix 版本。Vim 继承了 vi 的按键绑定，同时又加入了原始 vi 所缺少的功能和扩展性。可以选择安装 YouCompleteMe、deoplete 等 Vim 插件，为 C 语言编程提供原生的语义代码补全功能。

GNU Emacs 是一款可扩展、可定制且免费的文本编辑器。它的核心是 Emacs Lisp 解释器，这是 Lisp 编程语言的一种方言，具有支持文本编辑的扩展功能，尽管我从未发现这是一个问题。在此全面披露：我开发的大部分 C 语言代码是用 Emacs 编辑的。

Visual Studio Code（VS Code）是一款简化的代码编辑器，支持如调试、任务运行和版本控制（在第 11 章中讨论）等开发操作。它提供了开发人员所需的工具，用以实现快速的"代码–构建–调试"（code-build-debug）周期。VS Code 可以在 macOS、Linux 和 Windows 中运行，无论是个人还是商业用途都免费。对于 Linux 和其他平台，也提供了相关的安装说明；[①]在 Windows 中，你最有可能使用的是 Microsoft Visual Studio。图 1-2 显示了使用 Visual Studio Code 在 Ubuntu 中开发"Hello, world!"程序。从调试控制台可以看到，程序如期以状态代码 0 退出。

———————————

① Linux 系统的安装说明参见"Visual Studio Code on Linux"。

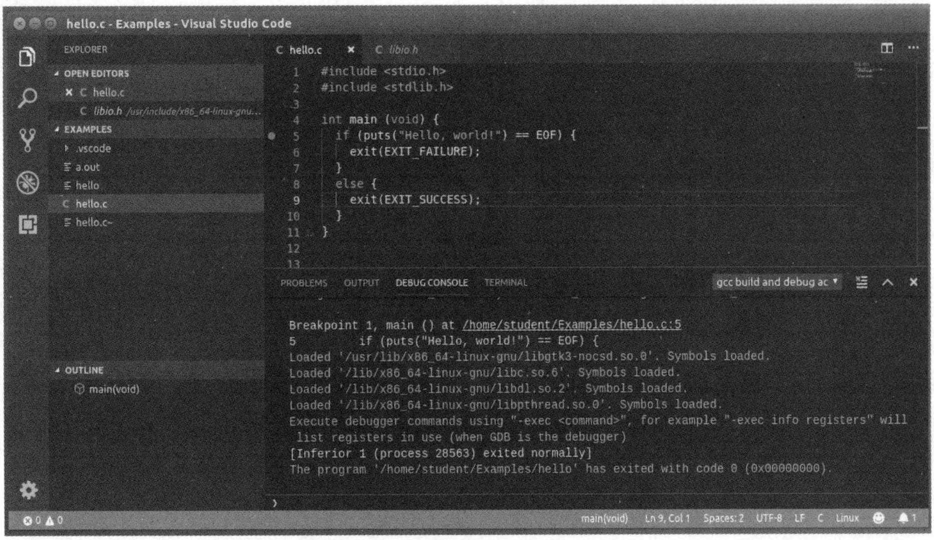

图 1-2　运行在 Ubuntu 中的 Visual Studio Code

1.3　编译器

可用的 C 编译器有很多，我不打算在此逐一讨论。不同的编译器实现了不同版本的 C 语言标准。不少嵌入式系统的编译器只支持 C89/C90。适用于 Linux 和 Windows 的常用编译器则更加努力地支持现代版本的 C 语言标准，直至并包括对 C2x 的支持。

1.3.1　GNU 编译器合集

GNU 编译器合集（GCC）包括 C、C++、Objective-C 以及其他语言的前端。GCC 在 GCC 指导委员会的引领下遵循着明确的开发计划。

GCC 已经成为 Linux 系统的标准编辑器，不过也有适用于 Microsoft Windows、macOS 以及其他平台的版本。在 Linux 中安装 GCC 非常容易。例如，下列命令就能在 Ubuntu 中安装 GCC 8。

```
% sudo apt-get install gcc-8
```

可以使用下列命令查看 GCC 的版本。

```
% gcc --version
gcc (Ubuntu 8.3.0-6ubuntu1~18.04) 8.3.0
This is free software; see the source for copying conditions. There is NO
Warranty; not even for MERCHANTABILITY or FITNESS FOR A PARTICULAR PURPOSE.
```

如果打算为 Red Hat Enterprise Linux 开发软件，那么 Fedora 是一个理想的开发系统。下列命令可用于在 Fedora 中安装 GCC。

```
% sudo dnf install gcc
```

1.3.2　Clang

另一款流行的编译器是 Clang。在 Linux 中安装 Clang 也不难。例如，下列命令就能在 Ubuntu 中安装 Clang。

```
% sudo apt-get install clang
```

可以使用下列命令查看 Clang 的版本。

```
% clang --version
clang version 6.0.0-1ubuntu2 (tags/RELEASE_600/final)
Target: x86_64-pc-linux-gnu
Thread model: posix
InstalledDir: /usr/bin
```

1.3.3　Microsoft Visual Studio

对于 Windows，最流行的开发环境当属 Microsoft Visual Studio，其中包含了 IDE 和编译器。在撰写本书之时，Visual Studio 的最新版本是 2019 版，与其捆绑发布的还有 Visual C++ 2019，后者提供了 C 编译器和 C++编译器。

可以在 Project Property Pages 中设置 Visual Studio 的相关选项。在 C/C++下的 Advanced 标签页，确保使用 Compile as C Code(/TC)选项按照 C 代码编译，不要使用 Compile as C++ Code(/TP)选项。在默认情况下，如果文件采用.c 作为扩展名，就以/TC 编译；如果文件采用.cpp、.cxx 或一些其他扩展名，则以/TP 编译。

1.4　可移植性

每一种 C 编译器实现多少都有点儿不同。编译器在不断发展，因此，像 GCC 这样的编译器可能提供对 C17 的完全支持，但对于 C2x 的支持则正在进行中，在这种情况下，也许只是实现了其中部分 C2x 特性。因此，编译器支持所有的 C 标准版本（包括中间版本）。C 语言实现的整体发展比较缓慢，许多编译器远远落后于 C 语言标准。

如果 C 程序仅使用标准中指定的语言和库，则可以认为它们是**严格符合标准**（strictly conforming）的。这类程序旨在最大限度地实现可移植性。然而，由于具体实现的差异，没有哪个现实世界中的 C 程序能够做到严格符合，而且永远无法做到（可能也不应该）。相反，C 语言标准允许你编写**符合标准**（conforming）的程序，这类程序也许依赖不可移植的语言和库特性。

为单个（有时是多个）参考实现编写代码是一种常见的做法，具体取决于你计划部署代码的平台。C 语言标准确保这些实现不会有太大差异，允许你同时面向多个目标，而不必每次再学习一门新语言。

C 语言标准文档的附录 J（Annex J）列举了以下 5 种可移植性问题。

❏ 由实现定义的行为（implementation-defined behavior）
❏ 未指定行为（unspecified behavior）
❏ 未定义行为（undefined behavior）
❏ 特定区域设置行为（locale-specific behavior）
❏ 通用扩展（common extensions）

学习 C 语言时，所有这 5 种行为的例子你都会碰到，因此准确理解它们的含义非常重要。

1.4.1　由实现定义的行为

由实现定义的行为是指 C 语言标准未指定的程序行为，在不同实现之间可能会产生不同的结果，但在单一实现中具有一致且有案可查（documented）的行为。由实现定义的行为的一个例子是字节中的位数。

由实现定义的行为大多是无害的，但在移植到不同的实现时会造成缺陷。在可能的情况下，应避免编写的代码依赖由实现定义的行为，这些行为在你用来编译代码的 C 实现中不尽相同。C 语言标准的附录 J.3 中完整地列出了所有由实现定义的行为。可以使用 static_assert 声明（第 11 章会讨论）来记录对于这些由实现定义的行为的依赖。在本书中，如果代码具有由实现定义的行为，我都会注明。

1.4.2　未指定行为

未指定行为是指 C 语言标准提供了两个或更多选项的程序行为。标准并不强制要求某种实例使用哪种选项。给定表达式的每次执行都可能有不同的结果，或者产生与该表达式前一次执行时不同的值。未指定行为的一个例子是函数参数存储布局，它可以在同一个程序中的不同函数调用之间变化。应避免编写的代码依赖 C 语言标准附录 J.1 中列举的未指定行为。

1.4.3　未定义行为

未定义行为是指 C 语言标准没有定义过的行为，或者更通俗地说是"在使用了不可移植或错误的程序构造或错误数据时的行为，标准对此未作要求。"未定义行为的例子包括有符号整数溢出和解引用（dereference）无效指针值。具有未定义行为的代码通常是错误的，但实际情况比这更微妙。标准中的未定义行为如下。

❑ 如果违反了"shall"（应该）或"shall not"（不应该）的要求，并且该要求出现在约束之外，那么该行为就是未定义的。

❑ 被明确指定为"undefined behavior"的行为。

❑ 没有明确行为定义的行为。

前两种未定义行为通常被称为**显式未定义行为**，第三种则被称为**隐式未定义行为**。这三者并没有侧重点上的区别，均描述了未定义行为。C 语言标准附录 J.2"Undefined behavior"包含了 C 语言中显式未定义行为的列表。

开发人员往往将未定义行为误解为错误或 C 语言标准的遗漏，C 语言标准委员会将某种行为归类为未定义是经过深思熟虑的，其目的如下。

❑ 允许语言实现者不捕获难以诊断的程序错误。

❑ 避免定义那些偏袒某一种实现策略的晦涩的极端情况。

❑ 通过提供官方认定的未定义行为，确定可能符合标准的语言扩展领域，实现者可以在其中对语言进行增强。

这 3 个原因确实有很大不同，但都被视为可移植性问题。本书将研究三者的具体示例。编译器（实现）可以自由选择执行以下操作。

❑ 完全忽略未定义行为，给出不可预测的结果。

❑ 以有据可查的方式表现环境特征（发出或不发出诊断信息）。

❑ 终止翻译或执行（并发出诊断信息）。

这些选择都不太好（尤其是第一个），所以最好还是避免未定义行为，除非语言实现将这些行为指定为已定义行为，以允许你调用语言的增强功能。[①]

---

① 编译器有时会提供 pedantic 模式，可以帮助告知程序员这些可移植性问题。

1.4.4　特定区域设置行为和通用扩展

特定区域设置行为取决于每种实现所记录的民族、文化和语言的当地惯例。**通用扩展**广泛应用于许多系统中，但并不能移植到所有的实现。

1.5　小结

本章首先介绍了如何编写、编译和运行简单的 C 程序，然后展示了几种编辑器和集成式开发环境，以及一些可用于在 Windows、Linux 和 macOS 系统中开发 C 程序的编译器。一般而言，应该使用较新版本的编译器和其他工具，因为新版本往往支持更新的 C 语言特性，还能提供更好的诊断和优化功能。如果新版本编译器破坏了现有的代码，或是你正准备部署代码，那么为了避免在已测试过的应用程序中引入不必要的变更，你可能就不想"尝鲜"了。最后，本章讨论了 C 程序的可移植性。

后续各章将研究 C 语言和库的具体特性，第 2 章先从对象、函数和类型讲起。

第 2 章

对象、函数和类型

在本章中，你会学习对象、函数和类型。本章将介绍如何声明变量（带有标识符的对象）和函数、获取对象的地址以及解引用对象指针。你已经见过了一些可供 C 程序员使用的类型。你在本章要学习的第一件事是我几经周折才知道的：C 语言中的所有类型，要么是**对象类型**，要么是**函数类型**。

2.1 对象、函数、类型和指针

对象（object）是可以在其中表示值的一块存储区域。[①]更准确地说，C 语言标准（ISO/IEC 9899:2018）将对象定义为"执行环境中的数据存储区域，其内容可用于表示值"，对此还另有注释，即"在被引用时，对象可以具有特定的类型"。变量就是对象的一个例子。

变量有一个声明的**类型**，该类型能告诉你该变量的值所代表的对象种类。例如，int 类型的对象包含的是整数值。类型的重要之处在于，如果将表示某一种对象类型的位模式按照另一种对象类型来解释，则有可能产生不同的值。例如，数字 1 在 IEEE 754（浮点算术的 IEEE 标准）中是按照位模式 0x3f800000（IEEE 754–2008）表示的。如果将同样的位模式解释为整数，那么得到的值就不是 1，而是 1 065 353 216。

函数并非对象，但同样具有类型。函数类型是由其返回值类型以及参数的数量和类型共同决定的。

C 语言也有**指针**，你可以视其为**地址**——对象或函数在内存中的存储位置。指针的类型派生自函数或对象的类型，后者称为**引用类型**（referenced type）。由引用类型 T 所派生出的指针类型称为**指向 T 的指针**。

---

① 不要和面向对象编程中的"对象"搞混了。——译者注

对象和函数不是一回事，所以也不要把对象指针和函数指针混为一谈，更不能交换使用。在 2.2 节中，你要编写一个简单的程序，交换两个变量的值，以更好地理解对象、函数、类型和指针。

2.2　声明变量

当你声明变量时，会为其分配类型和名称（或标识符），可以通过后者引用该变量。

代码清单 2-1 声明了两个整数对象并赋以其初始值。这个简单的程序还声明（但未定义）了一个 swap 函数，用于交换两个整数的值。

代码清单 2-1　交换两个整数

```
#include <stdio.h>

❶ void swap(int, int); // 在代码清单 2-2 中定义

   int main(void) {
     int a = 21;
     int b = 17;

❷   swap(a, b);
     printf("main: a = %d, b = %d\n", a, b);
     return 0;
   }
```

这个示例程序展示了一个包含单个代码块（位于{}之间）的 main 函数。这种代码块也称为**复合语句**。我们在 main 函数中定义了 a 和 b 两个变量。这两个变量的类型均为 int，分别被初始化为 21 和 17。每一个变量都必须有声明。然后 main 函数调用 swap 函数❷，尝试交换两个整数的值。swap 函数在此程序中声明❶，但并没有在这里定义。我们随后会在本节中看到该函数的一些可能的实现。

声明多个变量

可以在单个声明语句中声明多个变量，但如果变量是指针或数组，或者是不同的类型，那么这种做法就会造成混乱。例如，下列声明都没有问题。

```
char *src, c;
int x, y[5];
int m[12], n[15][3], o[21];
```

第 1 行声明了两个变量：src 和 c，二者类型并不相同。src 的类型为 char *，c 的类型为 char。第 2 行再次声明了两个变量：x 和 y，二者类型也不相同。x 的类型为 int，y 是一个包含 5 个 int 类型元素的数组。第 3 行声明了 3 个数组：m、n 和 o，彼此的维数和元素数量皆不相同。

如果各自独占一行，那么这些声明会更容易理解。

```
char *src;      // src 的类型为 char *
char c;         // c 的类型为 char
int x;          // x 的类型为 int
int y[5];       // y 是一个包含 5 个 int 类型元素的数组
int m[12];      // m 是一个包含 12 个 int 类型元素的数组
int n[15][3];   // n 是一个包含 15 个元素的数组，其中每个元素又是一个包含 3 个 int 类型元素的数组
int o[21];      // o 是一个包含 21 个 int 类型元素的数组
```

可读性好且易懂的代码出现缺陷的概率小。

2.2.1　交换值（初次尝试）

每个对象都有存储期（storage duration），决定了该对象的**生命期**（lifetime）。所谓的生命期是指程序运行过程中的一段时间，在这期间该对象存在、拥有存储区域、分配有固定地址且保留着最后一次存入其中的值。对象无法在其生命期之外被引用。

局部变量（比如代码清单 2-1 中的 a 和 b）具有**自动存储期**，意味着当其定义所在的语句块结束执行时，这类变量就被销毁了。我们打算交换这两个变量的值。

在代码清单 2-2 中，尝试第一次实现 swap 函数。

代码清单 2-2　swap 函数

```
void swap(int a, int b) {
  int t = a;
  a = b;
  b = t;
  printf("swap: a = %d, b = %d\n", a, b);
}
```

swap 函数声明了 a 和 b 两个形式参数，用于向该函数传递实际参数。C 语言区分**形式参数**（parameter，简称"形参"）和**实际参数**（argument，简称"实参"）。[①]前者是在函数声明中声明

[①] 在需要做出区分的上下文中，本书选择将 argument 和 parameter 分别译为"实参"和"形参"。除此之外，在表示一般性概念或不会导致混淆的情况下，二者均译为"参数"。——译者注

的对象，需要在执行该函数时赋值；后者是在函数调用表达式中出现的若干表达式，彼此之间以逗号分隔。我们还在 swap 函数中声明了一个 int 类型的临时变量，将其初始化为 a 的值。该变量用于临时保存 a 的值，避免在交换过程中丢失。

现在编译并测试该程序。

```
% ./a.out
swap: a = 17, b = 21
main: a = 21, b = 17
```

结果可能出乎意料。变量 a 和 b 分别被初始化为 21 和 17。在 swap 函数中第一次调用 printf，结果显示两个值已经被交换，但是在 main 函数中再次调用 printf，结果显示原先的值没有任何变化。来看看到底怎么回事。

C 是一种**按值调用**［call-by-value，也称为**按值传递**（pass-by-value）］的语言，这意味着当提供函数参数时，参数值会被复制到其他变量，以此在函数内使用。swap 函数将作为实参的对象的值赋给对应的形参。如果函数内形参的值有改动，那么调用方（caller）的值不会受到影响，因为二者是不同的对象。因此，在第二次调用 printf 时，main 函数内变量 a 和 b 的值依然维持原样。该程序的目标是交换这两个对象的值，但经过测试，我们发现程序存在 bug，或者说缺陷。

2.2.2　交换值（再次尝试）

为了修复这个 bug，可以使用指针重写 swap 函数。我们通过间接运算符（*）声明指针和解引用指针，如代码清单 2-3 所示。

代码清单 2-3　使用了指针的 swap 函数修正版

```
void swap(int *pa, int *pb) {
  int t = *pa;
  *pa = *pb;
  *pb = t;
  return;
}
```

如果出现在函数声明或定义中，则*会被作为指针声明器（pointer declarator）的一部分，表明该参数是指向特定类型的对象或函数的指针。在重写的 swap 函数中，我们指定了 pa 和 pb 这两个参数并将其声明为指向 int 的指针。

在函数内，当在表达式中使用单目运算符*时，该运算符会将指针解引用为对象。例如，考虑以下赋值操作。

```
pa = pb;
```

这会使用指针 pb 的值替换指针 pa 的值。现在考虑 swap 函数中的赋值。

```
*pa = *pb;
```

先解引用指针 pb，读取引用值，再解引用指针 pa，然后使用 pb 引用的值覆盖 pa 引用的值。

在 main 中调用 swap 函数时，要在每个变量名前放置&。

```
swap(&a, &b);
```

&是**取址运算符**（address-of operator），会产生指向该操作数的指针。[①]这里的改动是必需的，因为 swap 函数现在接受的参数是指向 int 类型对象的指针，而不再是简单的 int 类型值。

代码清单 2-4 展示了完整的 swap 程序，重点在于执行此代码期间创建的对象及其值。

代码清单 2-4　模拟的按引用调用

```
#include <stdio.h>
void swap(int *pa, int *pb) {    // pa → a: 21 pb → b: 17
  int t = *pa;                   // t: 21
  *pa = *pb;                     // pa → a: 17 pb → b: 17
  *pb = t;                       // pa → a: 17 pb → b: 21

}
int main(void) {
  int a = 21;                    // a: 21
  int b = 17;                    // b: 17
  swap(&a, &b);
  printf("a = %d, b = %d\n", a, b);    // a: 17 b: 21
  return 0;
}
```

在进入 main 语句块时，变量 a 和 b 被分别初始化为 21 和 17。然后，代码获取这两个对象的地址并将其作为参数传给 swap 函数。

在 swap 函数内，形参 pa 和 pb 被声明为指向 int 的指针，包含从调用函数（在本例中是 main）传入 swap 的实参值副本。而这些地址副本仍指向原始对象，所以当 swap 函数交换形参所引用的对象的值时，在 main 中声明的原始对象的值也被交换了。这种方法通过生成对象地址，按值传递地址，然后解引用地址副本来访问原始对象，以此模拟了**按引用调用**（也被称为**按引用传递**）。

---

① 如果&的操作数的类型为"T"，那么取址操作的结果类型为"指向 T 的指针"。——译者注

2.3 作用域

对象、函数、宏和其他 C 语言标识符都有**作用域**（scope），它是代码中的一块连续区域，在其中可以访问到前者。C 语言提供了 4 种作用域：文件、块、函数原型和函数。

对象或函数标识符的作用域是由其声明位置决定的。如果声明位于所有语句块或参数列表之外，那么该标识符就具有**文件作用域**，这意味着作用域是其所在的整个文件以及声明位置之后的所有包含文件。

如果声明位于语句块或参数列表内，那么该标识符就具有**块作用域**，意味着所声明的标识符仅能在此块中访问。代码清单 2-4 中的标识符 a 和 b 就是块作用域，只能用于在声明它的 main 函数中访问相应的对象。

如果声明位于函数原型（不在函数定义内）的参数声明列表中，那么该标识符就具有**函数原型作用域**，其作用范围在函数声明器结束处终止。**函数作用域**是位于函数定义的左花括号（{）和右花括号（}）之间的区域。**标签**（label）是唯一一种具有函数作用域的标识符。标签是后随冒号的标识符，标识了函数内控制流可以转至的某个语句。第 5 章会介绍标签和控制转移。

作用域可以**嵌套**，分为**内部**（inner）作用域和**外围**（outer）作用域。例如，可以在另一个块作用域内再定义一个块作用域，每一个块作用域又都是在文件作用域内定义的。内部作用域可以访问外围作用域，但是反过来就不行了。顾名思义，内部作用域必须完全被包含在外围作用域中。

如果在内部作用域和外围作用域中声明相同的标识符，则外围作用域中的标识符会被内部作用域中的同名标识符**遮蔽**（hidden），获得优先权。在这种情况下，标识符引用的是内部作用域中的对象；外围作用域中的对象已经被遮蔽，无法被标识符引用。为了避免造成问题，最简单的方法是使用不同的标识符。

代码清单 2-5 演示了不同的作用域以及内部作用域中声明的标识符是如何遮蔽外围作用域中声明的同名标识符的。

代码清单 2-5 作用域

```
int j; // j 的文件作用域开始

void f(int i) {        // i 的块作用域开始
  int j = 1;           // j 的块作用域开始。遮蔽了 j 的文件作用域
  i++;                 // i 是函数参数
  for (int i = 0; i < 2; i++) {  // 循环局部变量 i 的块作用域开始
  int j = 2;           // 内部 j 的块作用域开始。遮蔽了外围的 j
  printf("%d\n", j);   // 处于内部 j 的作用域，打印出 2
  }                    // 内部 i 和 j 的块作用域结束
  printf("%d\n", j);   // 处于外围 j 的作用域，打印出 1
```

```
}  // i 和 j 的块作用域结束

void g(int j);              // j 具有函数原型作用域。遮蔽了 j 的文件作用域
```

这段代码本身没有什么错误，代码注释清晰准确地表达了意图。最好的做法是选择不同的标识符来避免会引发 bug 的混淆。在小范围作用域中，可以选择比较短的标识符（比如 i 和 j）。在大范围的作用域中，应该选用比较长且具有描述性的标识符，这样就不太容易被内部嵌套的作用域遮蔽了。有些编译器会对被遮蔽的标识符发出警告。

2.4　存储期

对象的存储期决定了其生命期。可用的存储期共有 4 种：自动、静态、线程和分配。你已经看到了，自动存储期的对象是在语句块中或作为函数参数声明的。这类对象的生命期从其声明所在的语句块开始执行的那一刻起，到该语句块执行结束的那一刻止。如果语句块递归执行，则每次都会创建新对象，每个新对象都有自己的存储空间。

注意　作用域和生命期是两个截然不同的概念。作用域应用于标识符[1]，生命期则应用于对象。标识符的作用域是一块代码区域，在该区域中，标识符所表示的对象可以通过其名称进行访问。对象的生命期是对象存在的一段时间。

在文件作用域中声明的对象具有**静态存储期**。这类对象的生命期是程序的整个执行期间，对象中保存的值在程序启动前初始化。可以在块作用域中使用存储类说明符 static 声明具有静态存储期的对象，如代码清单 2-6 所示。当函数退出后，这类对象依然存在。

代码清单 2-6　一个实现计数功能的例子

```
void increment(void) {
  static unsigned int counter = 0;
  counter++;
  printf("%d ", counter);
}

int main(void) {
  for (int i = 0; i < 5; i++) {
    increment();
  }
  return 0;
}
```

---

① 更准确地说，作用域应用于标识符的某个特定声明。——译者注

程序输出 1 2 3 4 5。我们在程序启动前将静态变量 counter 初始化为 0,每次调用 increment 函数都会递增该变量的值。counter 的生命期是该程序的整个执行过程,其间会保持最后一次存入的值。也可以在文件作用域中声明 counter 以实现同样的效果。然而,尽可能限制对象的作用域是一种良好的软件工程实践。

静态对象必须使用常量值而不能用变量初始化。

```
int *func(int i) {
  const int j = i;  // 正确
  static int k = j; // 错误
  return &k;
}
```

常量值指的是字面常量(比如 1、'a' 或 0xFF)、enum 成员以及 alignof 或 sizeof 等运算符的结果,不能是 const 限定对象。

线程存储期用于并发编程,超出了本书的讨论范畴。**分配**存储期与动态内存分配相关,第 6 章会讨论。

2.5 对齐方式

对象类型有对齐要求,这会限制为该类型对象分配的地址。**对齐方式**(alignment)描述了为给定对象分配的连续地址之间的字节数。CPU 在访问对齐数据(例如,数据地址是数据所占空间大小的整倍数)和未对齐数据时可能会表现出不同的行为。

有些机器指令可以在非字边界上执行多字节访问,但可能会有性能上的损失。字(word)是一种天然的、具有固定长度的数据单位,由指令集或处理器硬件处理。一些平台不能访问未对齐的内存。对齐要求可能取决于 CPU 的字长(通常是 16 位、32 位或 64 位)。

一般而言,C 程序员不用关心对齐要求,因为编译器会为各种类型选择适合的对齐方式。通过 malloc 动态分配的内存需要充分对齐包括数组和结构在内的所有标准类型。但是,在极少数情况下,你可能需要覆盖编译器的默认选择,例如,为了在高速缓存行边界处对齐数据(数据地址必须起始于 2 的幂),或者为了满足其他特定的系统要求。传统上,这些要求是通过链接器命令来满足的,或者是使用 malloc 超额分配内存,然后向上舍入用户地址,或涉及其他非标准工具的类似操作。

C11 引入了一种向前兼容的简单机制来指定对齐方式。对齐方式被表示为 size_t 类型的值。每个有效的对齐值都是 2 的非负整数幂。对象类型对该类型的每个对象都施加了默认对齐要求:可以使用对齐说明符(_Alignas)请求更严格的对齐(2 的更大幂)。可以在对象的声明说明符中加入对齐说明符。代码清单 2-7 通过对齐说明符来确保 good_buff 能够正确对齐（bad_buff 的成员访问表达式可能会有对齐错误）。

代码清单 2-7   使用_Alignas 关键字

```
struct S {
  int i; double d; char c;
};

int main(void) {
  unsigned char bad_buff[sizeof(struct S)];
  _Alignas(struct S) unsigned char good_buff[sizeof(struct S)];

  struct S *bad_s_ptr = (struct S *)bad_buff;   // 错误的指针对齐
  struct S *good_s_ptr = (struct S *)good_buff; // 正确的指针对齐
}
```

对齐方式按照由弱到强（也称为更严格）进行选择。更严格的对齐方式有更大的对齐值。满足一种对齐要求的地址也能满足任何有效的、较弱的对齐要求。

2.6   对象类型

本节介绍 C 语言中的对象类型。具体来说，涉及布尔类型、字符类型和数值类型（包括整数类型和浮点类型）。

2.6.1   布尔类型

被声明为_Bool 的对象只能存储 0 和 1。**布尔类型**是在 C99 中引入的，类型名前的下划线是为了在已自行声明了 bool 或 boolean 标识符的程序中做出区分。以下划线起始，后随大写字母或另一个下划线的标识符始终作为保留之用。这样一来，C 语言标准委员会就可以创建新关键字（比如_Bool），假设你已经避开了保留标识符。如果你没有，那么就 C 语言标准委员会而言，这是你的错，谁让你没有仔细阅读标准。

如果你包含了头文件<stdbool.h>，那么也可以将该类型拼写为 bool 并为其赋值 true（被扩展为整数常量 1）或 false（被扩展为整数常量 0）。下面我们使用两种拼写的类型名来声明两个布尔类型变量。

```
#include <stdbool.h>
_Bool flag1 = 0;
bool flag2 = false;
```

两种拼写都没问题，不过最好还是用 bool，因为这是 C 语言长期的发展方向。

2.6.2　字符类型

C语言定义了3种**字符类型**：char、signed char 和 unsigned char。每种编译器实现都会将 char 定义为与 signed char 或 unsigned char 具有相同的对齐方式、大小、取值范围、表示以及行为。不管如何选择，char 都是独立的类型，与另外两种类型不兼容。

char 类型通常用于表示 C 程序中的字符数据。特别是，char 类型的对象必须能够表示执行环境所要求的最小字符集（称为**基本执行字符集**），其中包括大小写字母、10 个十进制数字（0~9）、空格字符以及各种标点符号和控制字符。char 类型不适用于整数数据，更安全的做法是分别使用 signed char 和 unsigned char 表示比较小的有符号整数值和无符号整数值。

基本执行字符集适合很多常规数据处理应用程序的需要，但其缺少非英文字母，这阻碍了国际用户的接受。为了解决这个问题，C语言标准委员会指定了一种全新的宽类型，能够容纳更大的字符集。你可以使用 wchar_t 类型将大字符集中的字符表示为**宽字符**（wide character），这种字符要比基本字符占用更多的存储空间。实现通常选择 16 位或 32 位来表示一个宽字符。C标准库提供了相关的函数，支持窄字符类型和宽字符类型。

2.6.3　数值类型

C语言提供了多种**数值类型**，可用于表示整数、枚举器和浮点数。第 3 章会详细讲解部分内容，这里仅做简单的介绍。

1. 整数类型

有符号整数类型可用于表示负数、正数和 0。有符号整数类型包括 signed char、short int、int、long int 和 long long int。

除了单独的 int，关键字 int 可以在其他有符号整数类型的声明中忽略，例如，可以使用 long long 代替 long long int。

每种有符号整数类型都有对应的**无符号整数类型**，两者使用相同的存储空间：unsigned char、unsigned short int、unsigned int、unsigned long int 和 unsigned long long int。无符号整数类型只能用于表示正数和 0。

有符号整数类型和无符号整数类型能表示各种大小的整数。在给定的一些约束条件下，每种平台（现今的或过去的）自行决定这些类型的大小。每种类型都有最小的可表示范围。整数类型按照宽度排序，保证**较宽**的类型至少和**较窄**的类型一样大，以便 long long int 类型的对象可以表示 long int 类型的对象能够表示的所有值，long int 类型的对象可以表示 int 类型的对象能够表示的所有值，以此类推。各种整数类型的实际大小可以从<limits.h>头文件中指定整数类型能够表示的最小值和最大值推断出来。

int 类型通常具有执行环境的架构所指定的天然大小，因此在 16 位架构上，其大小为 16 位宽，在 32 位架构上为 32 位宽。可以使用<stdint.h>或<inttypes.h>头文件的类型定义来指定实际宽度的整数，比如 uint32_t。这些头文件还提供了可用的最宽整数类型的类型定义：uintmax_t 和 intmax_t。

第 3 章会非常详细地讲解整数类型。

2. 枚举类型

枚举（enumeration，或 enum）允许你定义一种类型，在具有可枚举的一组常量值的情况下，将名称（**枚举器**）分配给整数值。下面给出了一些枚举示例。

```
enum day { sun, mon, tue, wed, thu, fri, sat };
enum cardinal_points { north = 0, east = 90, south = 180, west = 270 };
enum months { jan = 1, feb, mar, apr, may, jun, jul, aug, sep, oct, nov, dec };
```

如果没有使用=运算符为第一个枚举器指定值，则其枚举常量值为 0，之后的每个未指定值的枚举器会在前一个枚举常量值的基础上加 1。因此，枚举 day 中的 sun 的值为 0，mon 的值为 1，以此类推。

可以为每个枚举器指定特定的值，如 cardinal_points 枚举所示。对枚举器使用=可能会产生多个具有重复值的枚举常量，如果错误地假定所有值都是不重复的，这就会产生问题。months枚举将第一个枚举器设置为 1，随后每个未指定值的枚举器的值依次加 1。

枚举常量的实际值必须能以 int 类型表示，但具体类型是由实现定义的。例如，Visual C++使用 signed int，GCC 使用 unsigned int。

3. 浮点类型

C 语言支持 3 种**浮点类型**：float、double 和 long double。浮点算术类似于实数算术，并且经常被用作实数算术的模型。C 语言支持多种浮点表示法，包括大多数系统中的 IEEE 浮点算术标准（IEEE 754–2008）。选择哪一种浮点表示法取决于具体实现。第 3 章会详细介绍浮点类型。

4. void 类型

void 类型是一种相当奇怪的类型。关键字 void（本身）表示"不含有任何值"。例如，可以使用 void 指明函数没有返回值，或者将其作为单个函数参数，以示该函数不接受参数。另外，**派生类型** void *表示指针可以引用**任意**对象。本章随后会讨论派生类型。

2.7　函数类型

函数类型属于派生类型。该类型是由返回值类型以及参数的数量和类型派生而来的。函数的返回类型不能是数组类型。

在声明函数时，可以使用**函数声明器**（function declarator）指定函数名称和返回类型。如果声明器包含参数类型列表和定义，则每个参数的声明必须有标识符，除非参数列表中只有一个类型为 void 的参数，这样的话，可以不用标识符。

来看几个函数类型声明。

```
int f(void);
int *fip();
void g(int i, int j);
void h(int, int);
```

首先，我们声明了一个没有参数的函数 f，返回 int 类型。然后，我们声明了一个未指定参数的函数 fip，返回指向 int 的指针。最后，我们声明了两个函数，g 和 h，各自返回 void 并接受两个类型为 int 的参数。

如果标识符是一个宏，那么使用标识符指定参数（如 g 函数所示）就会产生问题。然而，提供参数名称是自文档化代码（self-documenting code）的一种良好实践，因此通常不建议省略标识符（像 h 函数那样）。

在函数声明中，不一定非得指定参数。但这么做的话，偶尔会有问题。如果 fip 函数的声明出现在 C++ 中，那么就表示该函数不接受参数并返回 int *；如果出现在 C 中，则表示接受任意类型的任意数量的参数并返回 int *。绝不要在 C 中声明含有空参数列表的函数。首先，这是一种已被弃用的语言特性，未来可能会被移除。其次，考虑到代码会被移植到 C++，所以应该明确列出参数类型，在没有参数的情况下使用 void。

带有参数类型列表的函数类型称为**函数原型**（function prototype）。函数原型提示编译器函数接受的参数数量和类型。编译器使用这些信息核实**函数定义**以及函数调用中使用的参数数量和类型是否正确。

函数定义提供了该函数的实际实现。来看下列函数定义：

```
int max(int a, int b)
{ return a > b ? a : b; }
```

返回类型说明符是 int，函数声明器是 max(int a, int b)，函数主体是{ return a > b ? a : b; }。
函数类型说明不能包含任何类型限定符（参见 2.10 节）。函数主体中使用了条件运算符（？:），
该运算符会在第 4 章中详细讲解。这个表达式的意思是，如果 a 大于 b，就返回 a；否则，返回 b。

2.8   派生类型

派生类型（derived type）由其他类型构造而来。派生类型包括指针、数组、类型定义、结构
和联合，所有这些本节会逐一介绍。

2.8.1   指针类型

指针类型派生自其所指向的函数或对象类型，后者称为**引用**类型。引用类型的实体可以通过
指针访问。

下面分别声明了指向 int 的指针、指向 char 的指针和指向 void 的指针。

```
int *ip;
char *cp;
void *vp;
```

本章先前部分介绍过取址运算符（&）和间接运算符（*）。可以使用&获得对象或函数的地址。
如果对象是 int 类型，那么该运算符的结果就是指向 int 的指针。

```
int i = 17;
int *ip = &i;
```

将变量 ip 定义为指向 int 的指针并使用 i 的地址为其赋值。也可以对*的结果使用&。

```
ip = &*ip;
```

使用*解引用 ip 会得到实际的对象 i。使用&获取*ip 的地址会得到指针，所以这两个操作相
互抵消了。

单目运算符*可以将指向某种类型的指针转换成该类型的值。它表示**间接**之意，只能处理指
针。如果操作数是函数指针，那么结果就为函数指示符（function designator）[1]；如果操作数是
对象指针，则结果为该对象的值。例如，对于指向 int 的指针，*的结果类型为 int。如果指针没

---

[1] 函数指示符是具有函数类型的值或表达式。参见 ISO/IEC 9899:TC3 的 6.3.2.1 节或 C: A Reference Manual（第 5 版）
的 7.1 节。——译者注

有指向任何有效的对象或函数，那可能就要倒霉了。

2.8.2 数组

数组是连续分配的对象序列，具有相同的元素类型。数组类型由其元素类型和元素数量来决定。下面我们声明了一个包含 11 个 int 类型元素的数组 ia 和一个包含 17 个 float 指针类型元素的数组 afp。

```
int ia[11];
float *afp[17];
```

方括号（[]）用于标识数组元素。例如，下列代码片段可以生成字符串"0123456789"，用于演示如何为数组元素赋值。

```
char str[11];
for (unsigned int i = 0; i < 10; ++i) {
❶ str[i] = '0' + i;
}
str[10] = '\0';
```

第 1 行声明了一个有 11 个 char 类型元素的数组，为要创建的字符串（10 个字符）以及一个空字符提供了足够的存储空间。

for 循环迭代了 10 次，其中 i 的值是从 0 到 9。在每次迭代中，将表达式'0' + i 的结果赋给 str[i]。循环结束后，将空字符复制到数组 str[10]的最后一个元素。

在❶处的表达式中，str 被自动转换为指向数组第一个元素（char 类型的对象）的指针，i 为无符号整数类型。下标运算符（[]）和加法运算符（+）的定义使得 str[i]等于*(str + i)。当 str 是数组对象时（就像本例中一样），表达式 str[i]指定数组中第 i 个元素（从 0 开始计数）。因为数组索引从 0 开始，所以数组 char str[11]的索引是从 0 到 10，索引 10 是最后一个元素，如本例最后一行代码所示。

[]的结果作为单目运算符&的操作数，其效果相当于移除&并将[]改成+。例如，&str[10]等同于 str + 10。

也可以声明多维数组（也称为**矩阵**）。代码清单 2-8 在函数 main 中声明了类型为 int、大小为 5×3 的二维数组 arr。

代码清单 2-8　矩阵操作

```
void func(int arr[5]);
int main(void) {
  unsigned int i = 0;
  unsigned int j = 0;
  int arr[3][5];
❶ func(arr[i]);
❷ int x = arr[i][j];
  return 0;
}
```

更准确地说，arr 是一个包含 3 个元素的数组，其中每个元素又是包含 5 个 int 类型元素的数组。当你在❶处使用表达式 arr[i] 时（等同于*(arr+i)），会发生以下操作。

(1) arr 被转换成一个指针，指向从 arr[i] 开始的 int 类型起始数组（5 个元素）。

(2) 用 i 乘以由 5 个 int 类型元素组成的数组的大小，将其缩放为 arr 的类型。

(3) 将前两步的结果相加。

(4) 对第(3)步的结果应用间接运算符，得到一个包含 5 个 int 类型元素的数组。

在❷处使用表达式 arr[i][j] 时，该数组被转换成指向第一个 int 类型元素的指针，因此 arr[i][j] 的结果为一个 int 类型的对象。

类型定义

可以使用 typedef 生成现有类型的别名。但要注意，typedef 并不会创建新类型。例如，下面的每个声明都创建了一个新的类型别名。

```
typedef unsigned int uint_type;
typedef signed char schar_type, *schar_p, (*fp)(void);
```

在第 1 行，将 uint_type 声明为 unsigned int 类型的别名。在第 2 行，将 schar_type 声明为 signed char 的别名，将 schar_p 声明为 signed char *的别名，将 fp 声明为 signed char(*) (void) 的别名。在标准头文件中，以 _t 结尾的标识符都是类型定义（现有类型的别名）。一般而言，在你自己的代码中，不要沿用这种命名惯例，因为 C 标准保留了符合模式 int[0-9a-z_]*_t 和 uint[0-9a-z_]*_t 的标识符，POSIX（Portable Operating System Interface of Unix，可移植操作系统接口）则保留了所有以 _t 结尾的标识符。如果使用这类名称定义标识符，则可能会和实现产生名称冲突，造成难以调试的问题。

2.8.3 结构

结构类型（struct）包含顺序分配的成员对象。每个对象都有自己的名称，类型可能并不一致。这一点儿不像数组，后者要求所有元素的类型必须相同。结构类似于其他编程语言中的记录类型（record type）。代码清单 2-9 声明了一个类型为 struct sigrecord 的对象 sigline 和一个指向 sigline 对象的指针 sigline_p。

代码清单 2-9 struct sigrecord

```
struct sigrecord {
  int signum;
  char signame[20];
  char sigdesc[100];
} sigline, *sigline_p;
```

该结构由 3 个成员对象组成：signum 是 int 类型的对象，signame 是包含 20 个 char 类型元素的数组，sigdesc 是包含 100 个 char 对象的数组。

结构既可用于声明相关对象的集合，也可用于表示日期、客户或人事记录等数据。它们特别适合用于将那些要经常作为函数参数一并传递的多个对象打包，这样你就不必反复传递单个对象了。

定义好结构之后，可以使用结构成员运算符（.）引用结构类型对象的成员。如果有指向结构的指针，那么也可以使用结构指针运算符（->）。代码清单 2-10 演示了两种运算符的用法。

代码清单 2-10 引用结构成员

```
sigline.signum = 5;
strcpy(sigline.signame, "SIGINT");
strcpy(sigline.sigdesc, "Interrupt from keyboard");

❶ sigline_p = &sigline;

sigline_p->signum = 5;
strcpy(sigline_p->signame, "SIGINT");
strcpy(sigline_p->sigdesc, "Interrupt from keyboard");
```

代码清单 2-10 的前 3 行使用.直接访问 sigline 对象的各个成员。在❶处，将 sigline 的地址赋给指针 sigline_p。在该程序的最后 3 行中，通过指针 sigline_p，使用->间接访问 sigline 对象的各个成员。

2.8.4 联合

联合类型类似于结构，但是其成员对象占用的内存是相互重叠的。联合可以一会儿包含 A 类型的对象，一会儿包含 B 类型的对象，但这两个对象绝对不会同时存在。联合的主要用途是为了节省空间。代码清单 2-11 展示的联合 u 包含 3 个结构：n、ni 和 nf。该联合可用于树、图或其他数据结构，这些数据结构的部分节点包含整数值（ni），部分节点包含浮点数（nf）。

代码清单 2-11　联合

```
union {
  struct {
    int type;
  } n;
  struct {
    int type;
    int intnode;
  } ni;
  struct {
    int type;
    double doublenode;
  } nf;
} u;
u.nf.type = 1;
u.nf.doublenode = 3.14;
```

和结构一样，也可以使用 . 或 -> 访问其中的成员。代码清单 2-11 先后使用 u.nf.type 和 u.nf.doublenode 引用了 nf 结构的 type 成员和 doublenode 成员。使用该联合的代码通常会查看 u.n.type 的值，以此检查节点类型，然后根据类型访问 intnode 或 doublenode。如果作为结构实现，那么每个节点都会包含 intnode 和 doublenode 的存储空间。[①]通过联合，可以为这两个成员使用同一块存储区域。

2.9　标签

标签（tag）是用于结构、联合和枚举的特殊命名机制。例如，下列结构中的标识符 s 就是标签。

```
struct s {
  //---snip---
};
```

标签本身并非类型名，不能用于声明变量（Saks，2002）。只能像下面这样声明相应类型的变量。

```
struct s v;     // struct s 的实例
struct s *p;    // 指向 struct s 的指针
```

---

① 但二者的存储空间是重叠的。——译者注

联合和枚举的名称同样是标签，而非类型，这意味着它们也无法单独用于声明变量。

```
enum day { sun, mon, tue, wed, thu, fri, sat };
day today;          // 错误
enum day tomorrow;  // 没问题
```

结构、联合和枚举的标签是在独立于普通标识符的**命名空间**中定义的。这使得 C 程序可以在同一作用域中使用同名的标签和标识符。

```
enum status { ok, fail };     // 枚举
enum status status(void);     // 函数
```

甚至可以声明 struct s 类型的对象 s。

```
struct s s;
```

这未必是好事，但在 C 语言中是合法的。可以把 struct 标签看作类型名，然后使用 typedef 为该标签定义别名。来看一个例子。

```
typedef struct s { int x; } t;
```

现在可以使用 t 代替 struct s 声明变量了。标签名在 struct、union 和 enum 中是可选的，因此可以完全将其省去。

```
typedef struct { int x; } t;
```

这种写法没什么问题，除非碰到包含指针指向自身的自引用结构。

```
struct tnode {
  int count;
  struct tnode *left;
  struct tnode *right;
};
```

如果省略第 1 行中的标签，那么编译器可能会抱怨，因为第 3 行和第 4 行中被引用的结构尚未声明，或是因为整个结构在别的地方还没被用过。所以你别无选择，只能为该结构声明标签，不过也可以声明一个 typedef。

```
typedef struct tnode {
  int count;
  struct tnode *left;
  struct tnode *right;
} tnode;
```

大多数 C 程序员会为标签和 typedef 挑选不同的名称，但就算是同名也没关系。也可以在此结构之前先定义类型，这样就可以声明引用其他 tnode 类型对象的 left 对象和 right 对象了。

```
typedef struct tnode tnode;
struct tnode {
  int count;
  tnode *left
  tnode *right;
} tnode;
```

除了在结构中的应用，类型定义还能提高代码可读性。例如，signal 函数的下列 3 个声明指定的是相同的类型。

```
typedef void fv(int), (*pfv)(int);
void (*signal(int, void (*)(int)))(int);
fv *signal(int, fv *);
pfv signal(int, pfv);
```

2.10　类型限定符

目前为止本书所介绍的所有类型都属于非限定类型。可以使用一个或多个限定符对类型进行限定：const、volatile 和 restrict。在访问限定类型对象时，这些限定符会改变操作行为。

类型的限定形式和非限定形式可以互换，都能作为函数参数、函数的返回值和联合的成员。

注意　从 C11 开始提供的 _Atomic 类型限定符支持并发程序。

2.10.1　const

const 限定符声明的对象（const 限定类型）无法被修改。特别是，不能对这类对象赋值，但可以使用常量初始化器。这意味着编译器可以将具有 const 限定类型的对象放入只读内存区，任何尝试对其进行写入的操作都会导致运行期错误。

```
const int i = 1;  // 受 const 限定的 int 类型
i = 2;  // 错误: i 是 const 限定类型
```

有可能无意使得编译器修改 const 限定类型。在下面的例子中，我们获取 const 限定类型对象 i 的地址，然后告诉编译器这其实是指向 int 的指针。

```
const int i = 1;   // const 限定类型对象
int *ip = (int *)&i;
*ip = 2;   // 未定义行为
```

如果原对象被声明为 const 限定类型，那么 C 语言不允许对其进行转型。这段代码也许看起来可行，但存在缺陷，搞不好随后就会出错。例如，编译器可能会将 const 限定类型对象放入只读内存区，如果试图在程序运行期间对该对象赋值，则会导致内存故障。

C 语言允许通过将 const 转型来修改由指针指向的 const 限定类型对象[①]，前提是原对象没有被声明为 const。

```
int i = 12;
const int j = 12;
const int *ip = &i;
const int *jp = &j;
*(int *)ip = 42; // 没问题
*(int *)jp = 42; // 未定义行为
```

2.10.2 volatile

volatile 限定类型的对象有其特殊目的。静态 volatile 限定对象用于内存映射 I/O 端口模型，静态常量 volatile 限定对象用于内存映射输入端口模型，比如实时时钟。

这类对象中的值可能会在编译器不知晓的情况下被修改。例如，每次读取实时时钟的值，都可能有变化，即便 C 程序自身并没有去修改过这个值。使用 volatile 限定类型可以让编译器知道该值会有变化，确保每次都去访问实时时钟。（否则，实时时钟的访问可能会被优化掉或是被替换为先前读取过并缓存的值。）例如，在下列代码中，编译器必须生成相关指令从 port 读取值并将该值再写入 port。

```
volatile int port;
port = port;
```

如果没有 volatile 限定，那么编译器会将该语句视为 no-op（不执行任何操作的编程语句），并可能优化掉读取和写入操作。

此外，volatile 限定类型还被用于与 signal 处理程序和 setjmp/longjmp 的通信（signal 处理程序和 setjmp/longjmp 的相关信息参见 C 语言标准）。不同于 Java 和其他编程语言，在 C 语言中不应该使用 volatile 限定类型进行线程同步。

---

① 注意区分 const int *ip 和 int* const ip。——译者注

2.10.3　**restrict**

restrict 限定指针用于提升优化。通过指针间接访问的对象往往无法完全优化，原因在于存在潜在的别名，当多个指针指向同一个对象的时候就会出现这种情况。别名妨碍了优化，因为编译器无法判断当另一个明显无关的对象被修改时，是否会导致对象的值发生改变。

下列函数从 q 指向的存储区域复制 n 字节到 p 指向的存储区域。函数参数 p 和 q 均为 restrict 限定指针。

```
void f(unsigned int n, int * restrict p, int * restrict q) {
  while (n-- > 0) {
    *p++ = *q++;
  }
}
```

由于 p 和 q 是 restrict 限定指针，因此编译器会假定通过其中一个指针参数访问的对象不会通过另一个指针访问。编译器所做出的这个判断仅基于参数声明，并没有去分析函数代码。尽管使用 restrict 限定指针能够产生更高效的代码，但必须确保指针不会引用重叠的内存区域，以避免出现未定义行为。

2.11　练习

尝试自己编写下列代码。

(1) 为代码清单 2-6 的计数功能示例添加 retrieve 函数，检索 counter 的当前值。

(2) 声明一个包含 3 个函数指针的数组，根据作为参数传入的索引值调用相应的函数。

2.12　小结

在本章中，你学习了对象和函数以及两者之间的区别，掌握了如何声明变量和函数、获取对象地址以及解引用对象指针。此外，你还知道了 C 程序员可用的大多数对象类型和派生类型。

在后续章节中，我们还会回顾这些类型，更细致地探究如何充分利用它们实现你的设计。第 3 章将详细讲解两种算术类型：整数类型和浮点类型。

第 3 章

算术类型

在本章中，你会学习两种**算术类型**：整数类型和浮点类型。C 语言中的大多数运算符可以操作算术类型。因为 C 语言是一种系统级语言，所以正确执行算术操作并非易事，经常会产生各式各样的问题。部分原因在于取值范围和精度有限的数字系统中的算术运算未必总是产生与普通数学中相同的结果。能够用 C 语言正确执行基本算术是成为专业 C 程序员的必备基础。

本章将深入讲解 C 语言中算术运算的工作原理，以便你牢牢掌握这些基础概念。本章还会介绍如何将一种算术类型转换成另一种算术类型，在执行混合类型操作时，这是必不可少的。

3.1　整数

第 2 章提到过，每种整数类型都表示有限范围的整数。有符号整数类型表示的值可以是负整数、0 或正整数；无符号整数类型表示的值只能是 0 或正整数。每种整数类型所能表示的取值范围依赖于实现。

整数对象的**值**是保存在该对象中的普通数学值。整数对象值的**表示**则是该值在对象所占的存储空间内的二进制编码。稍后会更详细地介绍表示形式。

3.1.1　填充和精度

除了 char、signed char 和 unsigned char，所有的整数类型都可能包含称为**填充**（padding）的未用位，以便实现能适应硬件的各种怪癖（比如跳过多字表示形式中间的符号位）或针对目标架构优化对齐方式。用于表示特定类型值的二进制位的数量（不包括填充位，但包括符号位）称为**宽度**（width），通常用 N 表示。**精度**（precision）则是不包括符号位和填充位在内的二进制位的数量。

3.1.2 　<limits.h>头文件

<limits.h>头文件提供了各种整数类型可表示的最小值和最大值。**可表示值**是能够被特定类型对象可用的二进制位所表示的值。编译器会对无法表示的值发出诊断信息，或是将其转换成能够表示的其他（错误的）值。编译器作者会为其实现提供正确的最小值、最大值以及宽度。要想写出可移植代码，应该使用这些常量，而不是用 +2 147 483 647 这样的整数字面量来表示特定的上限，因为当程序移至其他实现时，这个上限值可能会有变化。

C 语言标准对整数类型大小只有 3 个限制。首先，**每种**数据类型所占用的存储空间必须等于整数个相邻的 unsigned char 对象（可能包括填充）。其次，所有整数类型都必须支持最小取值范围，允许你在任何实现中依赖可移植的取值范围。最后，较小的类型不能宽于较大的类型。例如，USHRT_MAX 不能大于 UINT_MAX，但两者可以有相同的宽度。

3.1.3 　声明整数

除非明确声明为 unsigned，否则整数类型均假定为有符号整数（除了 char，其由实现来决定是定义为有符号整数类型还是无符号整数类型）。下列均为有效的无符号整数声明。

```
unsigned int ui; // 不能省去 unsigned
unsigned u; // 可以省去 int
unsigned long long ull2; // 可以省去 int
unsigned char uc; // 不能省去 unsigned
```

在声明有符号整数类型时，可以省去 signed 关键字，除了 signed char，后者需要该关键字来区分 signed char 和普通的 char。除非这是唯一的关键字，否则连 int 也可以省去。例如，不用将变量类型声明为 signed long long int，常见的做法是将其写作 long long，这样能少敲点儿键盘。下面都是有效的有符号整数声明。

```
int i; // 可以省去 signed
long long int sll; // 可以省去 signed
long long sll2; // 可以省去 signed 和 int
signed char sc; // 不能省去 signed
```

3.1.4 无符号整数

无符号整数的取值范围从 0 开始，上限大于与之对应的有符号整数类型。无符号整数多用于统计可能数量庞大（非负数）的条目。

1. 表示形式

无符号整数类型易于理解，用起来也比有符号整数类型简单。无符号整数类型使用全部二进制位表示值：最低有效位的权重为 2^0，下一个最低有效位的权重为 2^1，以此类推。二进制数的值是所有位的权重之和。表 3-1 显示了一些使用未填充的 8 位二进制表示的无符号值。

表 3-1　8 位无符号值

十　进　制	二　进　制	十六进制
0	0000 0000	0x00
1	0000 0001	0x01
17	0001 0001	0x11
255	1111 1111	0xFF

无符号整数类型不要求表示符号，因此比与之对应的有符号整数类型多出了 1 位精度。无符号整数的取值范围从 0 到最大值（取决于该类型的宽度）。如果宽度为 N，则最大值为 2^N-1。例如，大多数 x86 架构使用没有填充位的 32 位整数，因此，unsigned int 类型的对象取值范围从 0 到 $2^{32}-1$（4 294 967 295）。<limits.h>中的常量表达式 UINT_MAX 指定了由实现定义的该类型的上限。表 3-2 显示了<limits.h>中各种无符号整数类型的常量表达式、标准要求的下限以及在 x86 架构实现中的实际取值范围。

表 3-2　无符号整数取值范围

常量表达式	最低要求	x86	类　　型
UCHAR_MAX	255 // 2^8-1	相同	unsigned char
USHRT_MAX	65 535 // $2^{16}-1$	相同	unsigned short int
UINT_MAX	65 535 // $2^{16}-1$	4 294 967 295	unsigned int
ULONG_MAX	4 294 967 295 // $2^{32}-1$	相同	unsigned long int
ULLONG_MAX	18 446 744 073 709 551 615 // $2^{64}-1$	相同	unsigned long long int

2. 回绕

当算术操作的结果过小（小于 0）或过大（大于 2^N-1），以至于特定的无符号整数类型无法表示的时候，就会发生回绕（wraparound）。在这种情况下，将该值与结果类型可表示的最大值加 1 的数字执行模运算。回绕是 C 语言中明确定义的行为。在代码中是否属于缺陷取决于具体的上下文。如果在统计数量时出现了回绕，则很可能是一个错误。但是，在某些加密算法中，则是有意使用回绕的。

例如，代码清单 3-1 的代码将 ui 初始化为最大值，然后递增 1。所得的结果值无法以 unsigned int 表示，因此被回绕为 0。如果将该值递减 1，则再次落在了可表示范围之外，故又回绕为 UINT_MAX。

代码清单 3-1   无符号整数回绕

```
unsigned int ui = UINT_MAX; // 在 x86 架构中为 4 294 967 295
ui++;
printf("ui = %u\n", ui);    // ui 为 0
ui--;
printf("ui = %u\n", ui);    // ui 为 4 294 967 295
```

由于回绕，无符号整数表达式的值绝不可能小于 0。这一点很容易被忽略，误写出始终为真或始终为假的比较语句。例如，下面的 for 循环中的 i 不可能为负值，该循环也永远不会终止。

```
for (unsigned int i = n; i >= 0; --i)
```

这种行为导致了一些重大的现实问题。例如，波音 787 上的所有 6 个发电系统都由相应的发电机控制单元管理。据美国联邦航空管理局称，波音公司的实验室测试发现，发电机控制单元中的一个内部软件计数器在连续运行 248 天之后会发生回绕。[1]这一缺陷会导致发动机上的所有 6 个发电机控制单元同时进入故障安全模式。

为避免意外情况（比如飞机从天上掉下来），使用<limits.h>中的限制来检查回绕是很重要的。在实施这些检查时要小心，因为很容易出错。例如，下列代码就包含一个缺陷，因为 sum + ui 永远不会大于 UINT_MAX。

```
extern unsigned int ui, sum;
// 为 ui 和 sum 赋值
if (sum + ui > UINT_MAX)
  too_big();
else
  sum = sum + ui;
```

如果 sum + ui 之和大于 UINT_MAX，则会与 UINT_MAX + 1 执行模运算，整个测试语句毫无用处，代码会无条件执行加法。优秀的编译器可能会对此发出警告，但并不是所有的编译器都这样做。为了解决这个问题，可以从不等式的两边减去 sum，形成下列有效测试。

---

① 参见 Airworthiness Directives; The Boeing Company Airplanes。

```
extern unsigned int ui, sum;
// 为 ui 和 sum 赋值
if (ui > UINT_MAX - sum)
  too_big();
else
  sum = sum + ui;
```

UINT_MAX 是 unsigned int 能够表示的最大值，sum 的取值范围在 0 和 UINT_MAX 之间。如果 sum 等于 UINT_MAX，那么相减的结果就为 0；如果 sum 等于 0，则相减的结果为 UINT_MAX。因为运算结果始终处在允许的取值范围，即 0 ~ UINT_MAX，所以绝不会出现回绕。

将算术运算的结果与 0（最小的无符号整数）进行比较时也会出现同样的问题。

```
extern unsigned int i, j;
// 为 i 和 j 赋值
if (i - j < 0) // 不可能发生
  negative();
else
  i = i - j;
```

因为无符号整数绝不会为负，所以会无条件执行减法。优秀的编译器可能也会对此发出警告。停止这种无用的测试，可以通过检查 j 是否大于 i 来判断回绕。

```
if (j > i) // 正确
  negative();
else
  i = i - j;
```

如果 j > i，则结果会产生回绕。通过避免在测试中使用减法运算，我们消除了在测试过程中出现回绕的可能性。

警告　记住，特定类型发生回绕时的宽度取决于具体实现，这意味着在不同的平台会得到不同的结果。务必要注意这一点，否则无法写出可移植的代码。

3.1.5　有符号整数

所有的无符号整数类型（除了_Bool）都有与之对应的有符号整数类型，二者占用相同大小的存储空间。我们使用有符号整数表示负整数、0 和正整数，取值范围取决于分配给该类型的二进制位数以及采用的表示形式。

1. 表示形式

有符号整数类型的表示形式要比无符号整数类型复杂。历史上，C 语言支持 3 种有符号整数表示形式。

□ **原码**（sign and magnitude）　最高位表示符号，剩下的位以纯二进制记法表示值的大小。
□ **反码**（ones' complement）　符号位的权重为 $-(2^{N-1}-1)$，其余位的权重和无符号整数一样。
□ **补码**（two's complement）　符号位的权重为 $-(2^{N-1})$，其余位的权重和无符号整数一样。

你无法选择使用哪一种表示，这是由不同系统的 C 语言实现决定的。尽管 3 种表示形式都还在使用，但补码是目前最常见的，C 语言标准委员会也因此打算从 C2x 开始只采纳该形式。本书后续部分假定使用补码。

宽度为 N 的有符号整数类型可表示范围在 -2^{N-1}~$2^{N-1}-1$ 的任意整数值。这意味着宽度为 8 位的 `signed char` 类型的取值范围为 –128~127。补码能够表示一个额外的**最小负值**（most negative value）。8 位宽的 `signed char` 类型的最小负值是 –128，其绝对值 |–128| 却无法以该类型表示。这导致了一些值得留意的边界情况，我们会在本章随后和第 4 章中讨论。

表 3-3 显示了 <limits.h> 中各种有符号整数类型的常量表达式、标准要求的最小取值范围以及在 x86 架构实现中的实际取值范围。

表 3-3　有符号整数取值范围

常量表达式	最低要求	x86	类　　型
SCHAR_MIN	-127 // $-(2^7-1)$	-128	signed char
SCHAR_MAX	$+127$ // 2^7-1	相同	signed char
SHRT_MIN	$-32\,767$ // $-(2^{15}-1)$	$-32\,768$	short int
SHRT_MAX	$+32\,767$ // $2^{15}-1$	相同	short int
INT_MIN	$-32\,767$ // $-(2^{15}-1)$	$-2\,147\,483\,648$	int
INT_MAX	$+32\,767$ // $2^{15}-1$	$+2\,147\,483\,647$	int
LONG_MIN	$-2\,147\,483\,647$ // $-(2^{31}-1)$	$-2\,147\,483\,648$	long int
LONG_MAX	$+2\,147\,483\,647$ // $2^{31}-1$	相同	long int
LLONG_MIN	$-9\,223\,372\,036\,854\,775\,807$ // $-(2^{63}-1)$	$-9\,223\,372\,036\,854\,775\,808$	long long int
LLONG_MAX	$+9\,223\,372\,036\,854\,775\,807$ // $2^{63}-1$	相同	long long int

负数的补码表示包括一个符号位和其他数值位。符号位的权重为 $-(2^{N-1})$。要想在该表示形式中将某个值取负，只需要将非填充位按位取反，然后再加 1（根据需要进位），如图 3-1 所示。

图 3-1　对采用补码表示形式的 8 位值取负

表 3-4 显示了有符号整数类型（宽度为 8 位的补码、无填充位）的二进制表示和十进制表示（N=8）。这不属于必备知识，但作为 C 程序员，你会发现其还是能派上用场的。

表 3-4　宽度为 8 位的补码值

二　进　制	十　进　制	权　　　重	常　　　量
00000000	0	0	
00000001	1	2^0	
01111110	126	$2^6+2^5+2^4+2^3+2^2+2^1$	
01111111	127	$2^{N-1}-1$	SCHAR_MAX
10000000	−128	$-(2^{N-1})+0$	SCHAR_MIN
10000001	−127	$-(2^{N-1})+1$	
11111110	−2	$-(2^{N-1})+126$	
11111111	−1	$-(2^{N-1})+127$	

2. 溢出

当有符号整数运算所得到的值无法以结果类型表示的时候就会产生**溢出**（overflow）。例如，下列函数式宏（function-like macro）返回的整数绝对值会溢出。

```
// 对于大多数负值无定义或出错
#define Abs(i) ((i) < 0 ? -(i) : (i))
```

第 9 章会详细介绍宏。目前，可以将函数式宏视为处理泛型的函数。从表面上看，这个宏似乎正确地实现了绝对值功能，无论 i 是什么符号，都返回其非负值。我们使用条件运算符（?:，第 4 章会详述）测试 i 的值是否为负。如果是，就将 i 取负为-(i)；否则，保留原值(i)。

因为我们以函数式宏的形式实现了 Abs，所以它可以接受一个任意类型的参数。当然，使用无符号整数调用该宏没有什么意义，毕竟无符号整数不可能为负，所以宏无非就是将参数原封不动地输出。但是，可以使用各种有符号整数和浮点类型调用宏，如下所示。

```
signed int si = -25;
signed int abs_si = Abs(si);
printf("%d\n", abs_si);    // 打印出 25
```

在这个例子中，将值为 –25 的 signed int 类型对象作为参数传入 Abs 宏。该调用被扩展为以下内容。

```
signed int si = -25;
signed int abs_si = ((si) < 0 ? -(si) : (si));
printf("%d\n", abs_si);  // 打印出 25
```

宏正确地返回了 –25 的绝对值。到目前为止，还算不错。问题在于，对于给定类型，其补码形式中的最小负值所对应的正数无法由该类型表示。[①]因此，Abs 的上述实现是有缺陷的，不仅结果不确定，甚至还会出乎意料地返回负值。

```
signed int si = INT_MIN;
signed int abs_si = Abs(si);  // 未定义行为
printf("%d\n", abs_si);
```

那么，Abs(INT_MIN) 应该返回什么才能解决这个问题？有符号整数溢出在 C 语言中属于未定义行为，实现可以选择悄无声息地回绕（最常见的行为）、自陷（trap），抑或两者皆有。自陷会中断程序运行，不再执行进一步的操作。像 x86 这样的常见架构则是结合了这两种方式。因为是未定义行为，所以并没有"放之四海而皆准"的解决方案，但至少可以在发生溢出之前先测试一下，然后采取相应措施。

要想让这个求绝对值的宏适用于各种类型，需要添加一个依赖于类型的 flag 参数。flag 代表与第一个参数类型匹配的 *_MIN 宏。在问题案例中的返回值如下所示。

```
#define AbsM(i, flag) ((i) >= 0 ? (i) : ((i)==(flag) ? (flag) : -(i)))
signed int si = -25;  // 尝试用 INT_MIN 触发问题案例
signed int abs_si = AbsM(si, INT_MIN);
if (abs_si == INT_MIN)
  goto recover;  // 特殊情况
else
  printf("%d\n", abs_si);  // 打印出 25
```

AbsM 宏会测试是否为最小负值，如果测试结果为真，就将其返回，通过忽略最小负值来避免触发未定义行为。

在某些系统中，C 标准库实现了下列纯 int（int-only）绝对值函数，以避免函数被传入 INT_MIN 作为参数时产生溢出。

---

① 如果宽度 w 为 8，那么补码所能表示的最小负值 $TMin_w$ 为 –128，最大正值 $TMax_w$ 为 127。——译者注

```
int abs(int i) {
  return (i >= 0) ? i : -(unsigned)i;  // 避免溢出
}
```

在这个例子中，i 被转换为 unsigned int 类型并取负。本章稍后会详细讨论类型转换。

你可能没想到吧？这里出现了用于无符号整数类型的单目减法运算符（ - ）。将 i 与结果类型的最大值加 1 执行模运算，所得到的就是最终的无符号整数值。最后，i 被隐式转换回 return 语句所需的 signed int。因为 signed int 无法表示-INT_MIN，所以结果由实现而定。这就是为什么说该函数仅适用于**某些系统**，即便是在这些系统中，abs 函数也会返回错误的值。

Abs 和 AbsM 使用函数式宏多次对参数求值。如果参数造成程序状态发生变化，则会产生出乎意料的结果。这称为副作用，第 4 章会详述。相反，函数调用只对参数求值一次。

无符号整数具有明确定义的回绕行为。有符号整数的溢出，或者可能的溢出，始终应该被视为缺陷。

3.1.6　整数常量

整数常量（或**整数字面量**）是用于在程序中引入特定整数值的常量。例如，你可能会在声明或赋值语句中使用整数常量将计数器初始化为 0。C 语言有 3 种整数常量，各自使用不同的数字系统：十进制常量、八进制常量和十六进制常量。

十进制常量以非 0 数字起始。例如，下列代码使用了两个十进制常量。

```
unsigned int ui = 71;
int si;
si = -12;
```

上述代码使用十进制常量将 ui 初始化为 71，将十进制常量-12 赋给 si。当需要在代码中引入普通整数值时，就可以使用十进制常量。

如果常量以 0 起始，随后是可选的数字 0~7，则表示**八进制常量**。来看一个例子。

```
int agent = 007;
int permissions = 0777;
```

在这个例子中，八进制 007 等于十进制 7，八进制 0777 等于十进制 511。例如，在处理 3 位宽度的字段时，八进制就很方便。

也可以在十进制数字以及 a（或 A）~f（或 F）组成的序列前加上 0x 或 0X 来创建**十六进制**
常量。

```
int burger = 0xDEADBEEF;
```

当要用常量表示位模式而非特定值时，可以使用十六进制常量，例如，当表示地址时。通常，
大多数十六进制常量的写法类似于 0xDEADBEEF，因为这种形式与典型的十六进制转储相仿。对你
而言，把所有的十六进制常量都写成这样可能是个好主意。

也可以为常量加入后缀来指定其类型。如果没有后缀，那么十进制常量的类型为 int，前提
是值能够以该类型表示。如果无法以 int 类型表示，则用 long int 或 long long int。后缀 U 代
表 unsigned，L 代表 signed long，LL 代表 long long。这些后缀可以自由组合。例如，ULL 代表
unsigned long long 类型。来看几个例子。

```
unsigned int ui = 71U;
signed long int sli = 9223372036854775807L;
unsigned long long int ui = 18446744073709551615ULL;
```

如果不使用后缀，且整数常量类型不符合要求，则会对其执行隐式类型转换（3.3 节会讨论
隐式转换）。这可能会导致意想不到的结果或产生编译器诊断信息，因此最好正确指定所需的整
数常量类型。C 语言标准的 6.4.4.1 节提供了整数常量的更多信息。

3.2　浮点

浮点（floating-point）是计算机中最常见的实数表示法。这种方法使用包含基数和指数的科
学记数法对数字进行编码。例如，十进制数 123.456 可以表示为 $1.234\,56×10^2$，而二进制数
0b10100.110 可以表示为 $1.010\,011\,0×2^4$。

可以用多种方式生成浮点表示。C 语言标准并不要求实现使用特定的模型，尽管它确实要求
每个实现都支持**某种**模型。为简单起见，假定实现符合附录 F（最常见的浮点格式）。可以在较新
的编译器中测试__STDC_IEC_559__或__STDC_IEC_60559_BFP__宏的值，以确定该实现是否符合附录 F。

本节会解释浮点类型、算术、值以及常量，你将学会如何以及何时使用其模拟实数运算，何
时选择避而不用。

3.2.1　浮点类型

C 语言提供了 3 种浮点类型：float、double 和 long double。

float 类型可用于结果能以单精度表示的浮点运算。常见的 IEC 60559 float 类型使用 1 个符号位（sign bit）、8 个指数位（exponent bit）以及 23 个尾数位（significand bit）对值进行编码（ISO/IEC/IEEE 60559:2011）。

double 类型提供了更高的精度，但同时需要额外的存储空间。它使用 1 个符号位、11 个指数位以及 52 个尾数位对值进行编码。这些类型如图 3-2 所示。

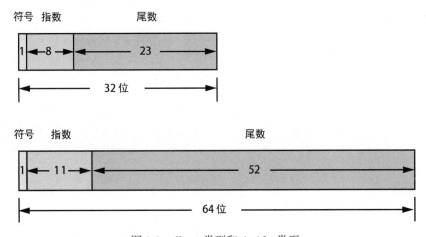

图 3-2 float 类型和 double 类型

每种实现都为 long double 类型分配以下格式之一。

❑ IEC 60559 4 倍精度（或 binary128）格式[①]
❑ IEC 60559 binary64 扩展格式
❑ 非 IEC 60559 扩展格式
❑ IEC 60559 双精度（或 binary64）格式

对于编译器实现人员，推荐做法是将 long double 类型与 IEC 60559 binary128 格式或 IEC 60559 binary64 扩展格式相匹配。IEC 60559 binary64 扩展格式包括常见的 80 位 IEC 60559 格式。

更大的类型具有更高的精度，但也需要更多的存储空间。能表示为 float 的值也能表示为 double，能表示为 double 的值也能表示为 long double。以后的标准也许会加入更多的浮点类型，或是比 long double 取值范围更大、精度更高，或是比 long double 取值范围更小、精度更低，比如 16 位浮点类型。

---

① IEC 60559 在 2011 修订版中加入 binary128 作为其基本格式。

符号、指数和尾数

和整数一样，**符号位**表示数字是正还是负：0 表示正数，1 表示负数。

　　指数字段用于表示正指数或负指数。为避免将指数存储为有符号数，会为实际指数加上一个隐含的偏置值，由此得到**存储**指数。对于 float 类型，偏置值是 127。因此，要想表示为 0 的指数，要在指数字段中存储 127。存储指数 200 表示指数为 73（200−127）。指数−127（所有指数位均为 0）和+128（所有指数位均为 1）被保留用于特殊数字。与此类似，double 类型的偏置值是 1023。这意味着 float 类型的存储指数范围是从 0 到 255，double 类型的存储指数范围是从 0 到 2047。

　　尾数位表示数的精度。如果打算使用浮点数表示 $1.010\ 011\ 0 \times 2^4$，则尾数指的是 $1.010\ 011\ 0$，指数指的是 2 的幂，在本例中为 4（Hollasch，2019）。

3.2.2　浮点算术

　　浮点算术类似于实数算术，并用于模拟实数算术。但是，也存在一些差异需要考虑。特别是，与实数算术不同，浮点数的范围和精度都是有限的。在加法运算和乘法运算中，结合律和分配律均不成立，很多对于实数合法的性质也不成立。

　　浮点类型无法准确地表示所有的实数，尽管有些实数只含有少量的十进制数位。例如，像 0.1 这样常见的十进制常量就不能准确地表示为二进制浮点数。对于诸如循环计数器或财务计算之类各形各色的应用程序，浮点类型可能缺少必要的精度。更多信息参见 CERT C 规则 FLP30-C（Do not use floating-point variables as loop counters，不要使用浮点类型变量作为循环计数器）。

3.2.3　浮点值

　　通常，浮点类型的所有尾数位都表示有效数字，另外再加上一个被略去的隐含前导位 1，该位仍被视为值的一部分。作为一种特殊情况，为了表示 0 值，指数和尾数必须都设置为 0。根据符号位，0 是有符号的（+0 或−0），因而就有两个浮点 0 值：一个为正，一个为负。

　　正常浮点值的尾数的整数部分不会出现 0，可以通过调整指数将 0 去掉。[①]因此，float 的精

---

① 尾数的定义为 $M=1+f$，其中 f 为小数部分。这种方式也叫作隐含的以 1 开头（implied leading 1）的表示。例如 111 010，其二进制科学计数法可以是 $0.111\ 010 \times 2^6$，由于尾数的整数部分要求为 1，因此通过调整指数，将其改为 $1.110\ 10 \times 2^5$。既然整数部分总是等于 1，那就不用再单独存储，由此轻松获得一个额外的精度位。这也正是 float 的精度位为 24 位（23+1）的原因。——译者注

度为 24 位，double 的精度为 53 位，long double 的精度为 113 位（假设采用的是 4 倍精度 128 位 IEC 60559 格式）。这叫作**规格化**（normalized）浮点数，保留了尾数的全部精度。

非规格化（或**次规格**）浮点数是非常小的正数和负数（但不为 0），其表示形式所产生的指数部分比最小的可取值还要小。图 3-3 是一条数轴，显示了 0 附近的次规格数的范围。次规格数是以最小指数表示的非 0 值（也就是说，尾数的隐含位被视为 0），即便所有未隐含的尾数位均为 1。非规格化浮点值的精度低于规格化浮点值的精度。

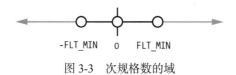

图 3-3　次规格数的域

浮点类型还可以表示非浮点数值，例如负无穷和正无穷以及非数字（Not a Number，NaN）。NaN 不代表实数的值。

将无穷作为一个特定的值来使用，可以使操作在出现溢出的情况下继续进行，这通常会产生所需的结果，而不用特殊处理。例如，任何正值或负值（非 0）除以+0 或-0[1]，都会产生正无穷或负无穷。在 IEEE 浮点标准中，对无穷的相关操作有着明确的定义。

一个 quiet NaN 会"传染"到大多数的算术操作[2]，但不会引发浮点异常，通常在选定的操作序列后进行测试。而当一个 signaling NaN 作为算术操作数出现时，立即就会引发浮点异常。浮点异常属于高级话题，这里不做介绍。更多信息参见 C 语言标准的附录 F。

<math.h>中的 NAN 宏和 INFINITY 宏以及 nan 函数为 IEC 60559 的 quite NaN 和无穷指定了名称。<math.h>中定义的 SNANF 宏、SNAN 宏和 SNANL 宏（ISO/IEC TS 18661-1:2014, ISO/IEC TS 18661-3:2015）为 IEC 60559 的 signaling NaN 指定了名称。C 语言标准并不要求完全支持 signaling NaN。

识别所处理的浮点值类型的方法之一是使用类函数宏 fpclassify，它将其参数值分类为 NaN、无限、普通、次规格或 0。

```
#include <math.h>
int fpclassify(real-floating x);
```

在代码清单 3-2 中的 show_classification 函数内使用 fpclassify 宏来判断类型为 double 的浮点值的分类。

---

① 不同的值-0 和+0 的比较结果是相等的。

② 这里所谓的"传染"是指如果不慎在某处引入了 NaN，那么之后的算术操作结果很可能就一直是 NaN 了。

——译者注

代码清单 3-2   `fpclassify` 宏

```
const char *show_classification(double x) {
  switch(fpclassify(x)) {
    case FP_INFINITE:  return "Inf";
    case FP_NAN:       return "NaN";
    case FP_NORMAL:    return "normal";
    case FP_SUBNORMAL: return "subnormal";
    case FP_ZERO:      return "zero";
    default:           return "unknown";
  }
}
```

函数参数 x（在本例中为 double 类型）被传入 fpclassify 宏，并使用 switch 语句判断结果。该函数会返回参数 x 的分类描述。

3.2.4   浮点常量

浮点常量是表示有符号实数的十进制或十六进制数。应该使用浮点常量表示不会有变化的浮点值。下面是一些浮点常量示例。

```
15.75
1.575E1  /* 15.75 */
1575e-2  /* 15.75 */
-2.5e-3  /* -0.0025 */
25E-4    /* 0.0025 */
```

所有的浮点常量都有类型。如果没有后缀，就为 double 类型；如果后缀为字母 f 或 F，就为 float 类型；如果后缀为字母 l 或 L，则为 long double 类型。

```
10.0   /* double 类型 */
10.0F  /* float 类型 */
10.0L  /* long double 类型 */
```

3.3   算术转换

经常需要将一种类型（比如 float）的值表示成另一种类型（比如 int）。例如，你有一个 float 类型的对象，要将其作为参数传给一个只接受 int 对象的函数。这时候，类型转换在所难免，应该始终确保新类型能够表示该值。3.3.5 节会深入讨论这个问题。

值可以隐式或显式地从一种算术类型[1]转换为另一种类型。可以使用**转换**（cast）运算符进行

---

① 整数类型和浮点类型统称为算术类型。——译者注

显式类型转换。代码清单 3-3 展示了两个类型转换示例。

代码清单 3-3　转换运算符

```
int si = 5;
short ss = 8;
long sl = (long)si;❶
unsigned short us = (unsigned short)(ss + sl);❷
```

要想执行类型转换，只需将类型名放入表达式之前的圆括号内即可。结果是将表达式转换为圆括号内指定类型的非限定版。在这里，将 si 的值转换为 long 类型❶。si 是 int 类型，所以这次转换（从相同符号的较小整数类型到较大整数类型）可以肯定是安全的，因为值始终能被较大类型所表示。

上述代码片段中的第二处类型转换❷将表达式(ss + sl)的结果转换为了 unsigned short 类型。因为值被转换为精度更低的无符号类型，所以转换后的结果可能不等于原始值（有些编译器会对此发出警告，有些则不会）。在本例中，该表达式的结果（13）能被结果类型正确表示。

隐式类型转换 [也称为强制类型转换（coercion）] 会根据需要在表达式中自动发生，例如，当出现混合类型操作时。在代码清单 3-3 中，隐式类型转换用于将 ss 转换为 sl 的类型，以便加法 ss + sl 得以在通用类型上执行。关于哪类值会被隐式转换为哪种类型的相关规则有些复杂，其中涉及 3 个概念：整数转换等级、整数提升以及寻常算术转换。3.3.1 节、3.3.2 节和 3.3.3 节将对此进行讨论。

3.3.1　整数转换等级

整数转换等级（integer conversion rank）是整数类型的等级次序，用于确定计算的通用类型。每种整数类型都有一个整数转换等级，决定了什么时候以及如何执行隐式转换。

在 C 语言标准（ISO/IEC 9899:2018）的 6.3.1.1 节的第一段中是这样说的：每种整数类型都有一个整数转换等级，适用于以下情况。

- 有符号的整数类型的等级皆不相同，即便它们具有相同的表示形式。
- 高精度的有符号整数类型的等级高于低精度的有符号整数类型。
- long long int 的等级高于 long int，long int 的等级高于 int，int 的等级高于 short int，short int 的等级高于 signed char。
- 无符号整数类型的等级和与之对应的有符号整数类型（如果存在的话）的等级相同。
- char 的等级与 signed char 和 unsigned char 的等级相同。
- _Bool 的等级低于其他所有标准整数类型的等级。

□ 枚举类型的等级和兼容的整数类型等级相同。每个枚举类型都与 char、有符号整数类型或无符号整数类型兼容。

□ 任何扩展有符号整数类型（extended signed integer type）[1]相对于另一个具有相同精度的扩展有符号整数类型的等级是由实现定义的，但仍受制于决定整数转换等级的其他规则。

3.3.2　整数提升

狭小类型（small type）是转换等级比 int 或 unsigned int 更低的整数类型。**整数提升**（integer promotion）是将狭小类型的值转换为 int 或 unsigned int 的过程。整数提升允许在可以使用 int 或 unsigned int 的任何表达式中使用狭小类型的表达式。例如，可以在赋值语句的右侧或函数参数中使用等级更低的整数类型（具有代表性的是 char 或 short）。

整数提升有两个主要目的。首先，鼓励以架构的天然大小（int）执行操作，提高性能。其次，有助于避免出现中间值溢出的算术错误，如下列代码片段所示。

```
signed char cresult, c1, c2, c3;
c1 = 100; c2 = 3; c3 = 4;
cresult = c1 * c2 / c3;
```

在没有整数提升的情况下，如果平台采用 8 位补码表示 signed char 类型，那么 c1 * c2 将导致 signed char 溢出，由 8 位二进制补码值表示的平台上溢出有符号字符类型，因为 300 超出了该类型对象可以表示的值范围（–128~127）。但由于整数提升，c1、c2 和 c3 被隐式转换为 signed int 类型，乘法操作和除法操作均以类型大小执行。这样就不会出现溢出了，因为结果值始终能够被正确表示（signed int 类型对象的取值范围为-2^{N-1}~$2^{N-1}-1$）。在本例中，整个表达式的结果是 75，在 signed char 类型的取值范围内，因此该值在存储到 cresult 中时被保留。

在第一个 C 语言标准出现之前，编译器使用**无符号保留**或**值保留**实现整数提升。在无符号保留方法中，编译器将无符号的狭小类型提升为 unsigned int。在值保留方法中，如果原类型的所有值都能以 int 类型表示，那么编译器就会将原狭小类型转换为 int；否则，转换为 unsigned int。在制定最初的 C 语言标准（C89）时，C 语言标准委员会决定采用值保留方法，因为与无符号保留方法相比，这种方法产生错误结果的频率更低。如果有必要，可以使用代码清单 3-3 中展示过的显式类型转换覆盖该行为。

狭小的无符号类型的提升结果取决于整数类型的精度，这是由实现定义的。例如，在 x86 架构中，char 类型是 8 位，short 类型是 16 位，int 类型是 32 位。对于目标为该架构的实现，unsigned

---

[1] 除了标准整数类型，C99 标准还允许由实现定义的扩展整数类型，包括有符号和无符号。例如，编译器可能提供有符号和无符号 128 位扩展整数类型。——译者注

char 和 unsigned short 类型的值都会被提升为 signed int，因为前者能表示的所有值都能被 signed int 表示。然而，在诸如 Intel 8086/8088 和 IBM Series/1 之类的 16 位架构中，char 类型是 8 位，short 类型是 16 位，int 类型也是 16 位。对于目标为该架构的实现，unsigned char 类型的值被提升为 signed int，而 unsigned short 的值被提升为 unsigned int。这是因为 8 位的 unsigned char 类型可以表示的所有值都能够以 16 位的 signed int 表示，但 16 位的 unsigned short 类型可以表示的部分值无法以 16 位的 signed int 表示。

3.3.3　寻常算术转换

寻常算术转换（usual arithmetic conversion）是一系列用于产生公共类型的规则，或是通过平衡双目运算符的两个操作数，或是通过平衡条件运算符（? :）的第二个参数和第三个参数。

平衡转换（balancing conversion）将不同类型的一个或两个操作数更改为相同类型。很多接受整数操作数（包括*、/、%、+、-、<、>、<=、>=、==、! =、&、^、|和? :）的运算符使用寻常算术转换来执行平衡转换。寻常算术转换被应用于提升过的操作数。[①]

寻常算术转换首先检查要执行平衡转换的操作数是否为浮点类型。如果是，就应用下列规则。

(1) 如果其中一个操作数的类型是 long double，那么另一个操作数就会被转换为 long double。

(2) 否则，如果其中一个操作数的类型是 double，那么另一个操作数就会被转换为 double。

(3) 否则，如果其中一个操作数的类型是 float，那么另一个操作数就会被转换为 float。

(4) 否则，对两个操作数执行整数提升。

如果一个操作数是 double 类型，另一个操作数是 int 类型，那么 int 类型的操作数就会被转换为 double 类型。如果一个操作数是 float 类型，另一个操作数是 double 类型，那么 float 类型的操作数就会被转换为 double 类型。

如果操作数都不是浮点类型，那么下列寻常算术转换规则将被应用于提升过的整数操作数。

(1) 如果两个操作数的类型相同，就不需要再转换。

(2) 否则，如果两个操作数都是有符号型或无符号型，就将转换等级较低的操作数转换为等级较高的操作数的类型。如果一个操作数的类型是 int，另一个操作数的类型是 long，那么 int 类型的操作数就会被转换为 long 类型。

---

① 整数提升作为寻常算术转换的一部分被应用于某些表达式。——译者注

(3) 否则，如果无符号操作数的转换等级高于或等于有符号操作数的转换等级，就将有符号操作数转换为无符号操作数的类型。如果一个操作数的类型是 signed int，另一个操作数的类型是 unsigned int，那么 signed int 类型的操作数就会被转换为 unsigned int 类型。

(4) 否则，如果有符号操作数的类型能够表示无符号操作数类型的所有值，就将无符号操作数转换为有符号操作数的类型。如果一个操作数的类型是 unsigned int，另一个操作数的类型是 signed long long，那么因为 signed long long 类型能表示 unsigned int 类型的所有值，所以 unsigned int 类型会被转换为 signed long long 类型。对于具有 32 位 int 类型和 64 位 long long 类型的实现（比如 x86-32 和 x86-64），就是这种情况。

(5) 否则，将两个操作数都转换为与有符号操作数的类型相对应的无符号类型。

这些转换规则是在 C 语言早期随着新类型的加入而逐步演变的，需要花些时间来适应。不同的架构属性（特别是 PDP-11 将 char 自动提升为 int）加上避免改变现有程序行为的愿望，以及（受那些约束的影响）对一致性的渴求共同造成了这些模式的不规则性。当有疑问时，使用显式类型转换明确地表达你的转换意图。也就是说，一般情况下，尽量不要过度使用显式转换，因为这会丧失一些重要的诊断功能。

3.3.4　隐式转换示例

下面的例子演示了整数转换等级、整数提升以及寻常算术转换的用法。代码比较变量 c（signed char 类型）和变量 ui（unsigned int 类型）是否相等。假设代码针对 x86 架构编译。

```
unsigned int ui = UINT_MAX;
signed char c = -1;
if (c == ui) {
  puts("-1 equals 4,294,967,295");
}
```

变量 c 的类型为 signed char。因为 signed char 的整数转换等级低于 int 或 unsigned int，所以在比较时，c 的值被提升为 signed int。这是通过符号扩展，将原先的值 0xFF 转换为 0xFFFFFFFF 来实现的。**符号扩展**（sign extension）用于增加有符号值的宽度。符号位被复制到扩展对象的每一位。[①]该操作在将值从较小的有符号整数类型转换为更大的有符号整数类型时，保留了符号和大小。

接下来，应用寻常算术转换。因为相等运算符（==）两侧的操作数有着不同的符号和同样的

---

① 此处原文表述不太清楚，特作说明：符号扩展就是将符号位复制到新增的高位。例如，为了将一个 8 位有符号数扩展为 16 位，只需将其符号位复制到 16 位数的第 9~16 位即可。——译者注

转换等级，所以有符号操作数被转换为无符号操作数的类型。然后按照 32 位无符号数进行比较。由于 UINX_MAX 的值和经过提升及转换后的 c 的值相同，因此比较结果为 1，并打印出下列内容。

```
-1 equals 4,294,967,295
```

3.3.5 安全转换

隐式转换和显示转换（转换操作的结果）都会产生结果类型无法表示的值。最好是对相同类型的对象执行操作，避免类型转换。然而，当函数返回或接收不同类型的对象时，类型转换在所难免。在这种情况下，有必要确保转换的正确性。

1. 整数转换

整数转换发生在一个整数类型的值要被转换为不同的整数类型时。转换到同符号的更大类型总是安全的，无须再检查。如果结果值不能用结果类型表示，那么大多数其他转换就会产生意想不到的后果。要想正确地执行这些转换，必须测试存储在原整数类型中的值是否在结果类型的取值范围内。例如，代码清单 3-4 中的 do_stuff 函数接受一个 signed long 类型的参数 value，该参数要在仅适合 signed char 的上下文中使用。为了安全地执行转换，函数会检查 value 是否可以表示为[SCHAR_MIN, SCHAR_MAX]范围内的 signed char 类型，如果不能，就返回错误。

代码清单 3-4 安全转换

```
#include <errno.h>
#include <limits.h>

errno_t do_stuff(signed long value) {
  if ((value < SCHAR_MIN) || (value > SCHAR_MAX)) {
    return ERANGE;
  }
  signed char sc = (signed char)value;  // 使用显式类型转换静默编辑器警告
  //---snip---
}
```

特定取值范围的测试视具体的类型转换而异。更多信息参见 CERT C 规则 INT31-C（Ensure that integer conversions do not result in lost or misinterpreted data，确保整数转换不会导致数据丢失或误解）。

2. 整数到浮点的转换

如果整数类型的值被转换为浮点类型后可以由新类型精确地表示，那么值无须改变。如果要转换的值在可表示的范围内，但不够精确，那么就将结果舍入为最接近的较高（nearest higher）

可表示值或最接近的较低（nearest lower）可表示值，具体取决于实现。如果要转换的值超出了可表示的范围，则该行为无定义。CERT C 规则 FLP36-C（Preserve precision when converting integral values to floating-point type，将整数转换为浮点类型时保留精度）提供了更多的相关信息和转换示例。

3. 浮点到整数的转换

当浮点类型的有限值被转换为整数类型（bool 除外）时，小数部分将被丢弃。如果整数部分的值无法由整数类型表示，则该行为无定义。

4. 浮点降级

将浮点值转换为更大的浮点类型总是安全的。降级（demoting）浮点值（也就是转换到更小的浮点类型）类似于将整数转换为浮点类型。

符合附录 F 的浮点类型支持有符号无穷（signed infinity）。对于这类实现，降级浮点类型的值总是会成功，因为所有值都在表示范围内。关于浮点转换的更多信息参见 CERT C 规则 FLP34-C（Ensure that floating-point conversions are within range of the new type，确保浮点转换结果处在新类型的表示范围内）。

3.4 小结

在本章中，你不仅学习了整数类型和浮点类型，还学习了隐式转换和显式转换、整数转换等级、整数提升以及寻常算术转换。第 4 章将介绍运算符以及如何编写简单的表达式来对各种对象执行相关操作。

第 4 章

表达式和运算符

在本章中，你将学习运算符以及如何编写简单的表达式来对各种对象执行相关操作。**运算符**是用于执行操作的关键字或者单个（或多个）标点符号。当一个运算符应用于一个或多个操作数时，就形成了表达式，可以计算值，同时还可能具有副作用。**表达式**是用于求值或实现其他目的的运算符和操作数的序列。操作数可以是标识符、常量、字符串字面量以及其他表达式。

本章先介绍简单赋值，再回过头来描述表达式的机制（运算符和操作数、值计算、副作用、优先级以及求值顺序）。然后讨论具体的运算符，比如算术、按位、类型转换、条件、对齐、关系、复合赋值和逗号运算符。前几章已经讲过其中不少运算符和表达式，本章会详述这些运算符的行为以及运用它们的最佳方式。最后，本章会以指针算术作为结束。

4.1 简单赋值

简单赋值（simple assignment）使用右操作数替换左操作数指定对象中存储的值。右操作数的值被转换为赋值表达式的类型。简单赋值由 3 部分组成：左操作数、赋值运算符（=）和右操作数，如下面的例子所示。

```
int i = 21; // 含有初始化器的声明
int j = 7;  // 含有初始化器的声明
i = j;      // 简单赋值
```

前两行是**声明**，先后定义了 i 和 j，并分别使用 21 和 7 对其初始化。**初始化器**会使用表达式，但它本身不是赋值表达式，而只是声明的一部分。

第 3 行是一个简单赋值。要想编译代码，必须定义或声明出现在表达式（比如简单赋值）中的所有标识符。

在简单赋值中，右值被转换为左值的类型，然后存入左值指定的对象。对于 i = j，从 j 读取的值会被写入 i。因为 i 和 j 的类型相同（int），所以无须进行类型转换。赋值表达式的值是赋值操作的结果，类型是左值的类型。

简单赋值的左操作数始终是表达式（对象类型不为 void），我们称之为**左值**（lvalue）。lvalue 中的 l 最初源于它是位于**左侧**（left）的操作数，但是将 lvalue 视为 locator value（**定位器值**）的缩写可能更正确，因为其必须指定一个对象。在本例中，两个对象的标识符 i 和 j 都是左值。左值也可以是像*(p+4)这样的表达式，只要它引用的是内存中的对象。

右操作数也是表达式，但可以只是一个值，不需要标识对象。我们称该值为**右值**（rvalue，r 代表 right）或**表达式值**（expression value）。右值无须引用对象，就像下列语句中所展示的，其中沿用了先前例子中的类型和值。

```
j = i + 12;  // j 的值现在为 19
```

表达式 i + 12 不是左值，因为并没有存储结果的底层对象。相反，i 本身是左值，其被自动转换为右值，用作加法运算的操作数。加法运算的结果（没有与之关联的内存地址）也是右值。C 语言限制了左值和右值可以出现的位置。下列语句演示了两者正确的和错误的用法。

```
int i;
i = 5;       // i 是左值，5 是右值
int j = i;   // 左值可以出现在赋值运算符的右侧
7 = i;       // 错误：右值不能出现在赋值运算符的左侧
```

7 = i 是无效的，因为右值只能在赋值运算符的右侧。在下面的例子中，右操作数的类型和赋值表达式的类型不同，所以 i 的值会先被转换为 signed char 类型。然后括号中的表达式的值再被转换为 long int 类型。

```
signed char c;
int i = INT_MAX;
long k;
k = (c = i);
```

赋值必须处理现实世界的约束。具体来说，如果值被转换为更窄的类型，那么简单赋值可能会导致截断。如第 3 章所述，每个对象需要固定字节数的存储空间。i 的值总是可以用 k 来表示（更大的同符号类型）。然而，在这个例子中，i 的值被转换为了 signed char（赋值表达式 c = i 的类型）。然后，圆括号中表达式的值被转换为外层赋值表达式的类型，即 long int 类型。假设

c 的类型不足以表示 i 的值，大于 SCHAR_MAX 的值会被截断，因此 k 中存储的就是截断后的最终值（−1）。为了避免出现值被截断的情况，请确保选择足够宽的类型来表示可能出现的任何值，或是检查溢出。

4.2 求值

前面已经讲过简单赋值，现在回头看看表达式是如何被求值的。**求值**（evaluation）通常意味着将表达式简化为单个值。然而，表达式的求值包括值计算和副作用的产生。

值计算（value computation）是对表达式求值结果的演算。计算最终值可能涉及确定对象的内容或是读取先前赋给对象的值。例如，下列表达式包含多次值计算，以用于确定 i、a 和 a[i] 的内容。

```
a[i] + f() + 9
```

因为 f 是函数，并非对象，所以表达式 f() 不涉及确定 f 的内容。操作数的值计算必须先于运算符结果的值计算。在本例中，单独的值计算会读取 a[i] 的值并确定调用函数 f 返回的值。然后第三次计算会将这些值相加以获得整个表达式的返回值。如果 a[i] 是一个 int 数组，f() 的返回类型也是 int，则表达式的结果为 int 类型。

副作用（side effect）是对执行环境状态的改动。副作用包括写入对象、访问（读或写）volatile 限定对象、I/O、赋值或调用会执行前述操作的函数。略微修改上一个例子，加入赋值操作。更新 j 的值就是该赋值操作的副作用。

```
int j;
j = a[i] + f() + 9;
```

赋值给 j 带来的副作用改变了执行环境的状态。根据 f 函数的定义，对 f 的调用也可能会有副作用。

4.3 函数调用

函数指示符（function designator）是具有函数类型的表达式，用于调用函数。在下列函数调用中，max 就是函数指示符。

```
int x = 11;
int y = 21;
int max_of_x_and_y = max(x, y);
```

　　max 函数返回两个参数中最大的那个。在表达式中，函数指示符会在编译期间被转换为**返回特定类型的函数指针**。将实参值赋给与其对应的形参对象时，前者的类型必须满足后者的类型（非限定形式）要求。实参的数量和类型要与函数所定义的形参的数量和类型相一致。在本例中，实参是两个整数。C 语言还支持**可变参数函数**，这种函数可以接受数量不等的参数（printf 函数就是一个可变参数函数）。

　　还可以将一个函数传给另一个函数，如代码清单 4-1 所示。

代码清单 4-1　将一个函数传给另一个函数

```
int f(void) {
  // ---snip---
  return 0;
}
void g(int (*func)(void)) {
  // ---snip---
  if (func() != 0)
    printf("g failed\n";
  // ---snip---
}
// ---snip---
g(f); // 使用函数指针参数调用 g
// ---snip---
```

　　上述代码将 f 指定的函数的地址传给了另一个函数 g。函数 g 可接受的函数指针必须指向返回 int 的无参数函数。作为参数传递的函数被隐式转换为函数指针。函数 g 的定义明确采用了函数指针的形式，其等效声明为 void g(int func(void))。

4.4　递增运算符和递减运算符

　　递增运算符（++）和**递减运算符**（--）可以分别增加和减少可修改的左值[1]。两者都是**单目运算符**，只接受单个操作数。

　　递增运算符和递减运算符既可以用作**前缀运算符**，出现在操作数之前，也可以用作**后缀运算符**，出现在操作数之后。前缀运算符和后缀运算符的行为不同，二者经常是测试和面试中的难题。前缀递增运算符在返回值之前先执行递增操作，后缀递增运算符则是先返回值再执行递增操作。代码清单 4-2 通过前缀或后缀形式的递增或递减操作，然后将结果赋给 e，演示了两种运算符的行为。

---

[1] 左值所指定的对象并不保证一定能修改。如果左值是数组类型、不完整类型或 const 限定类型，就无法修改指定的对象。"可修改的左值"用于强调这种左值所指定的对象是可以修改的。——译者注

代码清单 4-2 前缀和后缀形式的递增运算符和递减运算符

```
int i = 5;
int e;      // 表达式的结果
e = i++;    // 后缀递增：i 的值为 6；e 的值为 5
e = i--;    // 后缀递减：i 的值为 5；e 的值为 6
e = ++i;    // 前缀递增：i 的值为 6；e 的值也为 6
e = --i;    // 前缀递减：i 的值为 5；e 的值也为 5
```

本例中的 i++ 操作返回未改变的值 5，然后这个值被赋给 e。作为该操作的副作用，i 的值得以递增。

前缀递增运算符会增加操作数的值，然后以操作数的新值作为表达式的返回值。因此，表达式 ++i 等效于 i = i + 1，除了 i 仅被求值一次。本例中的 ++i 返回递增后的值 6，然后将其赋给 e。

4.5 运算符优先级和结合性

在数学和计算机编程中，**操作顺序**（或运算符优先级）是一系列规则，规定了在给定表达式中执行操作的顺序。例如，乘法通常优先于加法。因此，表达式 2+3×4 被解释为值 2+(3×4)=14，而不是 (2+3)×4=20。

结合性决定了当没有使用显式圆括号时，应该如何划分相同优先级的运算符。如果相邻的运算符具有相同的优先级，那么选择先应用哪个操作是由结合性决定的。**左结合**（left-associative）运算符从左边开始对操作进行分组，**右结合**（right-associative）运算符从右边开始对操作进行分组。分组可以被认为是隐式地引入了圆括号。例如，因为加法运算符（+）具有左结合性，所以表达式 a + b + c 被解释为 ((a + b) + c)。因为赋值运算符具有右结合性，所以表达式 a = b = c 被解释为 (a = (b = c))。

表 4-1 列出了由 C 语言语法所规定的运算符的优先级和结合性。[1]运算符从上到下，按照优先级以降序排列。

表 4-1 运算符优先级和结合性

优 先 级	运 算 符	描 述	结 合 性
0	(...)	强制分组	左
1	++ --	后缀递增和递减	左
	()	函数调用	
	[]	数组下标	

---

① 内容取自 C++ Reference 网站上的 C Operator Precedence 表格。

（续）

优　先　级	运　算　符	描　述	结　合　性
	.	访问结构和联合的成员	
	->	通过指针访问结构和联合的成员	
	(*type*){*list*}	复合字面量	
2	++ --	前缀递增和递减	右
	+ -	单目加法和减法	
	! ~	逻辑否和按位求反	
	(*type*)	类型转换	
	*	间接操作（解引用）	
	&	取址	
	sizeof	取大小	
	_Alignof	对齐	
3	* / %	乘、除和求余	左
4	+ -	加和减	
5	<< >>	按位左移和按位右移	
6	< <=	关系运算符<和≤	
	> >=	关系运算符>和≥	
7	== !=	等于和不等于	
8	&	按位与（AND）	
9	^	按位异或（XOR）	
10	|	按位或（OR）	
11	&&	逻辑与（AND）	
12	||	逻辑或（OR）	
13	?:	条件运算符	右
14	=	简单赋值	
	+= -=	相加赋值和相减赋值	
	*= /= %=	相乘赋值、相除赋值和相余赋值	
	<<= >>=	按位左移赋值和按位右移赋值	
	&= ^= |=	按位与赋值、按位异或赋值和按位或赋值	
15	,	顺序表达式	左

　　运算符优先级有时候直观明了，有时候可能会产生误导。例如，后缀++和--运算符的优先级高于前缀++和--运算符，后者与单目运算符*的优先级相同。而且，如果 p 是指针，那么*p++等效于*(p++)，++*p 等效于++(*p)，因为前缀++运算符和单目运算符*具有右结合性。如果两个运

算符的优先级和结合性都相同，那么就按照从左到右的顺序求值。代码清单 4-3 演示了这些运算符的优先级规则。

代码清单 4-3　运算符优先级

```
char abc[] = "abc";
char xyz[] = "xyz";

char *p = abc;
printf("%c", ++*p);

p = xyz;
printf("%c", *p++);
```

表达式 ++*p 中的指针先被解引用，得到字符 'a'。然后该值被递增，结果为字符 'b'。表达式 *p++ 中的指针则先被递增，得到字符 'y'。然而，**后缀**递增运算符的结果是操作数的原值，所以会将指针原先的值解引用，得到字符 'x'。因此，这段代码打印出字符 bx。可以使用圆括号（()）修改或明确操作顺序。

4.6　求值顺序

C 语言运算符的操作数**求值顺序**，包括子表达式在内，通常都没有硬性规定。编译器可以选择任意顺序进行求值，并且当再次对同一表达式求值时可能会选择不同的顺序。这种自由度允许编译器通过选择最有效的顺序来生成更快的代码。求值的顺序受运算符优先级和结合性的约束。

代码清单 4-4 演示了函数参数的求值顺序。我们使用两个参数调用先前定义过的函数 max，该函数会分别调用函数 f 和 g。传入 max 的表达式的求值顺序并没有规定，这意味着 f 和 g 能够以任意顺序调用。

代码清单 4-4　函数参数的求值顺序

```
int glob; // 静态存储被初始化为 0

int f(void) {
  return glob + 10;
}
int g(void) {
  glob = 42;
  return glob;
}
int main(void) {
  int max_value = max(f(), g());
  // ---snip---
}
```

全局变量 glob 可由函数 f 和 g 访问，也就意味着两者依赖于共享状态。在计算返回值时，作为参数传给 max 的值在不同的编译中可能有所不同。如果先调用 f，就返回 10；但如果后调用 f，则返回 52。无论求值顺序如何，函数 g 始终返回 42。因此，max 函数（返回两个值中最大那个）可能返回 42，也可能返回 52，具体取决于参数的求值顺序。这段代码提供的唯一**顺序保证**是 f 和 g 会在 max 之前被调用，并且 f 和 g 不会交错执行。

可以重写上述代码，确保其始终以可预测且可移植的方式运行。

```
int f_val = f();
int g_val = g();
int max_value = max(f_val, g_val);
```

在修改后的程序中，调用 f 来初始化变量 f_val。这保证它排在了 g 之前执行，在随后的声明中调用 g 来初始化变量 g_val。如果一个求值排在了另一个求值之前，则第一个求值必须完成之后才能开始第二个求值。例如，可以使用顺序点来保证对象会在被另一个求值操作读取之前完成写入。可以保证 f 会排在 g 之前执行，因为在两个完整的表达式求值之间存在一个顺序点。稍后会详细讨论顺序点。

4.6.1　无序求值和不定序求值

无序求值（unsequenced evaluation）可以**交错**进行，这意味着 CPU 指令能以任意顺序执行[①]，只需保证**顺序一致性**（sequentially consistent）即可——也就是按照程序指定的先后次序读写（Lamport，1979）。

而有些求值是**不定序**（indeterminately sequenced）的，这意味着这种求值不可以交错进行，但仍能以任意顺序先后执行。[②]例如，下列语句包含多个值计算以及副作用。

```
printf("%d\n", ++i + ++j * --k);
```

i、j 和 k 的值必须先于递增或递减前读取。这意味着 i 的读取必须排在递增的副作用产生之前。与此类似，乘法操作数的所有副作用要在执行乘法之前全部完成。最后，由于运算符优先级规则，乘法要在加法之前结束，加法操作数的所有副作用要在执行加法之前全部完成。这些约束在多个操作之间产生了偏序，因为不要求 j 在 k 递减之前递增。该表达式中的无序求值能以任意顺序先后执行。这允许编译器重排操作并缓存寄存器中的值，从而提高整体执行速度。另外，函数的执行属于不定序的，不能相互交错。

[①] 如果 A 和 B 的求值是无序的，那么两者可以用任意顺序执行，也有可能出现重叠。在单线程中，编译器也许会交错 A 和 B 的 CPU 指令。——译者注

[②] 意思是要么 A 在 B 之前完成求值，要么 B 在 A 之前完成求值。——译者注

4.6.2　顺序点

顺序点（sequence point）是一个特定时刻，所有的副作用在此刻尘埃落定。顺序点是由语言隐式定义的，但可以通过指定程序逻辑的方式控制其出现的位置。

C 语言标准的附录 C 中列举了各种顺序点。顺序点出现在要求值的两个**完整表达式**（非另一个表达式或声明符组成部分的表达式）之间。顺序点也会在进入或退出被调用的函数时出现。

如果副作用相对于同一标量的不同副作用或使用相同标量值的值计算是不定序的，那么代码就具有未定义的行为。算术类型或指针类型都属于**标量类型**（scalar type）。在下面的代码片段中，表达式 i++ * i++ 对 i 执行了两次不定序操作。

```
int i = 5;
printf("Result = %d\n", i++ * i++);
```

你可能觉得代码会输出 30，但因为这段代码具有未定义的行为，所以无法保证结果。保守地说，可以通过将每一个有副作用的操作放在单独的完整表达式中来确保副作用在值被读取之前已经完成。按照下列方式重写代码，消除未定义的行为。

```
int i = 5;
int j = i++;
int k = i++;
printf("Result = %d\n", j * k);
```

现在，这段代码在每个有副作用的操作之间都有顺序点。然而，无法判断重写后的代码是否代表了程序员的原始意图，因为原代码并没有明确的含义。如果选择不要顺序点，则务必确保完全理解副作用的顺序。在不改变行为的情况下，同样的代码也可以写成如下形式。

```
int i = 5;
int j = i++;
printf("Result = %d\n", j * i++);
```

描述完表达式的机制，接下来继续讨论具体的运算符，就从 sizeof 运算符开始吧。

4.7　sizeof 运算符

可以使用 sizeof 运算符得到其操作数的字节大小。具体来说，sizeof 会返回一个表示大小的 size_t 类型的无符号整数。对于大多数内存操作（包括分配内存数据和复制内存数据），知道操作数的正确大小是必不可少的。size_t 类型定义在<stddef.h>以及其他头文件中。你需要包含这些头文件中的一个来编译涉及 size_t 的代码。

可以向 sizeof 运算符传递完整对象类型的不求值表达式或带有圆括号的这种类型的名称。

```
int i;
size_t i_size = sizeof i;        // 对象 i 的大小
size_t int_size = sizeof(int); // 类型 int 的大小
```

把 sizeof 的操作数放入圆括号内始终是一种安全的做法，因为给表达式加上圆括号不会改变操作数大小的计算方式。sizeof 运算符的结果是一个常量表达式，除非操作数是变长数组。sizeof 的操作数不会被求值。

如果需要确定可用存储的位数，可以将对象的大小乘以 CHAR_BIT，后者给出了 1 字节包含多少位。例如，表达式 CHAR_BIT * sizeof(int) 可以计算出 int 类型对象的位数。

字符类型以外的对象类型可以包括填充位和数值位。不同的目标平台会以不同的方式（**字节序**[1]，endianness）将字节打包成多字节字（multiple-byte word）。所有这些变数意味着，对于主机间通信，应该采用标准外部格式并使用格式转换函数来完成多字节原生对象和外部数据之间的**编集**[2]（marshal）。

4.8　算术运算符

接下来将详细讨论对算术类型执行算术操作的多个运算符，其中一些运算符也可用于非算术操作数。

4.8.1　单目运算符+和-

单目运算符+和-会对算术类型的单个操作数进行操作。-会返回其操作数的负值（也就是说，相当于将操作数乘以-1）。+会将操作数的原值返回。这两个运算符的存在主要是为了表示正数和负数。

如果操作数是比较小的整数类型，则会对其进行提升（参见第 3 章），提升后的类型即为操作结果类型。顺便说一句，C 语言没有负整数常量，像-25 这样的值其实是 int 类型的右值：在值 25 前面加上单目运算符-。

---

[1] 这个术语取自 Jonathan Swift 于 1726 年所著的讽刺作品《格列佛游记》，书中的双方因煮熟的鸡蛋应该从大的一端敲开还是小的一端敲开而爆发了一场内战。

[2] 编集是把一个对象的内存表示变换为适合存储或传输的数据格式的过程。——译者注

4.8.2 逻辑否运算符

单目**逻辑否运算符**（!）的结果如下。

- □ 0，如果操作数的值不为 0。
- □ 1，如果操作数的值为 0。

操作数是标量类型。出于历史原因，结果类型是 int。表达式!E 等同于(0 == E)。逻辑否运算符多用于检查空指针，例如，!p 等同于(NULL == p)。

4.8.3 乘积运算符

双目**乘积运算符**（multiplicative operator）包括乘法（*）、除法（/）和求余（%）。乘积操作数会被隐式执行寻常算术转换，找出公共类型。可以将浮点数和整数相乘或相除，但是求余操作只适用于整数。

各种编程语言实现了不同种类的整数除法操作，包括欧几里得（Euclidean）、向下取整（flooring）和截断（truncating）。在欧几里得除法[①]中，余数总不为负（Boute，1992）。在向下取整除法中，向负无穷方向取整（Knuth，1997）。在截断除法中，/运算符的结果是丢弃小数部分后的代数商。这通常称为**向 0 截断**。

C 语言实现了截断除法，这意味着余数总是和被除数有相同的符号，如表 4-2 所示。

表 4-2　截断除法

/	商	%	余　　数
10 / 3	3	10 % 3	1
10 / −3	−3	10 % −3	1
−10 / 3	−3	−10 % 3	−1
−10 / −3	3	−10 % −3	−1

概括地说，如果 a / b 的商是可表示的，那么表达式(a / b) * b + a % b 等于 a。否则，如果除数等于 0 或者 a / b 溢出，那么 a / b 和 a % b 都会导致未定义的行为。

为了避免措手不及，值得花点儿时间弄明白%运算符的行为。例如，以下代码定义了一个名为 is_odd 的错误函数，该函数试图测试一个整数是否为奇数。

---

① 也称辗转相除法。——译者注

```
bool is_odd(int n) {
  return n % 2 == 1;
}
```

因为求余操作的结果总是带有被除数 n 的符号，所以当 n 是奇数且为负时，n % 2 返回–1，
函数因此返回 false。

正确的解决方案是测试余数是否不为 0（因为无论被除数是什么符号，0 总是不变的）。

```
bool is_odd(int n) {
  return n % 2 != 0;
}
```

很多 CPU 将求余作为除法的一部分来实现，如果被除数等于有符号整数类型的最小负值且
除数等于–1，那么结果可能溢出。即使这种求余操作的数学结果是 0，也会发生此类情况。

C 标准库提供了包括 fmod 在内的浮点求余、截断和四舍五入（rounding）函数。

4.8.4   累加运算符

双目**累加运算符**（additive operator）包括加法（+）和减法（-）。加法和减法既可应用于同
为算术类型的两个操作数，也可应用于执行缩放指针算术（scaled pointer arithmetic）。本章会在
临近结束的时候讨论指针算术，目前仅限于算术类型操作。

双目运算符+计算两个操作数之和。双目运算符-从左操作数中减去右操作数。这两种操作的
算术类型操作数会被执行寻常算术转换。

4.9   按位运算符

可以使用**按位运算符**（bitwise operator）来处理对象或任何整数表达式的位。这类运算符通
常用于那些表示**位图**（bitmap）的对象：每一位表示事物的"开"或"关"、"启用"或"禁用"，
或者另一个二进制配对。

按位运算符（| & ^ ~）将位视为纯二进制模型，不考虑这些位所表示的值。

```
  1 1 0 1 = 13
^ 0 1 1 0 = 6
= 1 0 1 1 = 11
```

位图最好表示为无符号整数类型，因为符号位可以更好地用作位图中的值，并且对值的操作
不太容易出现未定义的行为。

4.9.1　求反运算符

单目**求反运算符**（~）处理整数类型的单个操作数，并返回对其操作数**按位求反**的结果，也就是将原值的每一位翻转后得到的值。求反运算符的用途之一是设置 POSIX umask。文件的权限模式是掩码的反码与进程请求的权限模式之间的逻辑与运算的结果。~会对其操作数进行整数提升，提升后的类型即为结果类型。例如，以下代码片段会将~应用于 unsigned char 类型的值。

```
unsigned char uc = UCHAR_MAX; // 0xFF
int i = ~uc;
```

在具有 8 位 char 类型和 32 位 int 类型的架构中，uc 的值为 0xFF。当作为~的操作数时，通过零扩展（zero-extending），将 uc 提升为 signed int 类型（32 位，0x000000FF）。对扩展后的值求反，结果为 0xFFFFFF00。因此，对于该平台，对 unsigned short 类型求反总是会产生 signed int 类型的负值。一般而言，为了避免这种意外的情况，所有的位操作都应该使用一个足够宽的无符号整数类型。

4.9.2　移位运算符

移位操作会将整数类型操作数的每一位移动指定数量的位置。这种操作多见于系统编程，因为其中经常要用到位掩码（bit mask）。另外，移位操作也会出现在管理网络协议或文件格式的代码中，用于打包或解包数据。移位操作包括左移操作，形式如下所示。

```
shift-expression << additive-expression
```

还有右移操作，形式如下所示：

```
shift-expression >> additive-expression
```

其中，shift expression 是要移位的值，additive expression 是要将该值移动的位数。图 4-1 演示了逻辑左移 1 位。

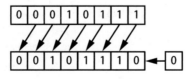

图 4-1　逻辑左移 1 位

additive expression 决定了要移动的位数。例如，E1 << E2 是将 E1 的值左移 E2 位，空出来的位用 0 填充。如果 E1 是无符号类型，那么结果值为 E1 × 2^{E2}。如果该值不能由结果类型表示，就将其与可表示的最大值加 1 进行求模。[①]如果 E1 是有符号类型的非负值，且 E1 × 2^{E2} 可由结果类型表示，那么这就是结果值。否则，属于未定义行为。类似地，E1 >> E2 的结果是 E1 右移 E2 位。如果 E1 是无符号类型，或者 E1 是有符号类型的非负值，那么结果值为 E1/2^{E2} 的商的整数部分。如果 E1 是有符号类型的负值，则结果值由实现定义，可能是算术（有符号扩展）移位，也可能是逻辑（无符号）移位，如图 4-2 所示。

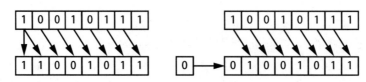

图 4-2　算术（有符号）右移 1 位和逻辑（无符号）右移 1 位

在这两种移位操作中，会对操作数执行整数提升，两个操作数均为整数类型。结果类型为经过提升后的左操作数类型。不执行寻常算术转换。

尽管可以使用左移和右移来乘以或除以 2 的幂，但将移位操作用于此目的并不是一个好主意。最好还是使用乘法和除法，让编译器自行决定什么时候该将乘除操作替换为移位运算来实现优化。自己动手做这种替换属于过早优化。《计算机程序设计艺术》一书的作者高德纳将过早优化描述为"万恶之源"。

移位数量不应该是负数，也不应该大于或等于提升后的左操作数的宽度，这样做的结果属于未定义行为。代码清单 4-5 展示了如何对有符号整数和无符号整数执行正确的右移操作。

代码清单 4-5　正确的右移操作

```
extern int si1, si2, sresult;
extern unsigned int ui1, ui2, uresult;
// ---snip---
❶ if ( (si2 < 0) || (si2 >= sizeof(int)*CHAR_BIT) ) {
    /* 错误 */
  }
  else {
    sresult = si1 >> si2;
  }
❷ if (ui2 >= sizeof(unsigned int)*CHAR_BIT) {
    /* 错误 */
  }
```

---

① 假设 a 是一个 32 位的无符号整数（unsigned int），那么理论上的最大值是 2^{32}−1，也就是 4 294 967 295，把这个数字左移 1 位，就是 8 589 934 590，但该值无法表示成 32 位无符号整数，所以要将其与 4 294 967 295+1，也就是 4 294 967 296 相除，取余数，得到 4 294 967 294，这就是 a << 1 的结果。——译者注

```
else {
  uresult = ui1 >> ui2;
}
```

对于有符号整数，❶必须确保移位数不为负，也不能大于或等于提升后的左操作数的宽度。对于无符号整数，❷可以不测试负值，因为无符号整数不可能为负。可以按照类似的方法执行左移操作。

4.9.3 按位与运算符

双目**按位与运算符**（&）返回两个整数类型操作数按位与的结果。操作数会被执行寻常算术转换。仅当转换后的操作数对应位均为 1 的时候，结果中的该位才为 1，如表 4-3 所示。

表 4-3 按位与真值表

x	y	x & y
0	0	0
0	1	0
1	0	0
1	1	1

4.9.4 按位异或运算符

双目**按位异或运算符**（^）返回两个整数类型操作数按位异或的结果。换句话说，仅当转换后的操作数有一个对应位设置为 1 的时候，结果中的该位才为 1，如表 4-4 所示。有时可以将其看作"非此即彼，不可兼得"。

表 4-4 按位异或真值表

x	y	x ^ y
0	0	0
0	1	1
1	0	1
1	1	0

异或等同于对整数模 2 的加法运算，因为 1+1 mod 2=0（Lewin，2012）。两个操作数必须为整数，并且通常对这两个操作数执行寻常算术转换。

初学者往往把异或运算符误认为指数运算符，以为表达式 2 ^ 7 是计算 2 的 7 次幂。在 C 语言中，幂运算的正确方法是使用<math.h>中定义的 pow 函数，如代码清单 4-6 所示。pow 函数接受浮点类型参数并返回浮点类型结果，所以要注意，函数可能会由于截断或其他错误而无法产生所期望的结果。

代码清单 4-6   使用 pow 函数

```
#include <math.h>
#include <stdio.h>

int main(void) {
  int i = 128;
  if (i == pow(2, 7)) {
    puts("equal");
  }
}
```

上述代码调用 pow 函数计算 2 的 7 次幂。因为 2^7 等于 128，同时假设 double 类型能够准确地表示 128，所以该程序会打印出 equal。

4.9.5　按位或运算符

双目**按位或运算符**（|）返回两个整数类型操作数按位或的结果。操作数必须为整数类型并对其执行寻常算术转换。仅当转换后的操作数至少有一个对应位设置为 1 的时候，结果中的该位才为 1，如表 4-5 所示。

表 4-5　按位或真值表

x	y	x | y
0	0	0
0	1	1
1	0	1
1	1	1

4.10　逻辑运算符

逻辑与运算符（&&）和逻辑或运算符（||）主要用于逻辑连接两个或更多的标量类型表达式。二者通常出现在条件测试中，例如条件运算符的第一个操作数、if 语句的控制表达式或 for 循环的控制表达式，以此将多个条件组合在一起。不要对位图操作数使用逻辑运算符，因为其主要用于布尔逻辑。

如果任一操作数为 0，&& 就返回 0；否则，返回 1。从逻辑上而言，这意味着 a && b 仅在 a 和 b 皆为真的时候才为真。

如果有一个操作数不为 0，|| 就返回 1；否则，返回 0。从逻辑上而言，这意味着如果 a 和 b 其中之一为真，或两者皆为真，那么 a || b 就为真。

C 语言用"不为 0"来定义这两种操作，原因在于操作数可以是除 0 和 1 之外的其他值。二者接受标量类型（整数、浮点数和指针）操作数，操作结果为 int 类型。

不同于对应的按位双目运算符，逻辑与运算符和逻辑或运算符保证按照从左向右的顺序求值。如果对第二个操作数求值，则在第一个操作数和第二个操作数求值之间存在一个顺序点。

逻辑运算符具有**短路效应**：如果通过对第一个操作数求值就能推断出结果，则不再求值第二个操作数。例如，对于表达式 0 && unevaluated，无论 unevaluated 是什么值，都会返回 0，因为 unevaluated 没有任何取值能产生不同的结果。因此，无须再对 unevaluated 求值。对于 1 || unevaluated 也是如此，该表达式始终返回 1。

短路效应通常用于指针操作。

```
bool isN(int* ptr, int n){
  return ptr && *ptr == n; // 不解引用空指针
}
```

这段代码测试 ptr 的值。如果 ptr 为空（NULL），则不再对 && 的第二个操作数求值，避免解引用空指针。

这种行为可以有效地避免不必要的计算。在下列代码中，如果文件准备妥当，那么 is_file_ready 谓词函数将返回真。

```
is_file_ready() || prepare_file()
```

在本例中，如果 is_file_ready 函数返回真，则不再对 || 的第二个操作数求值，因为不需要准备文件。这避免了不必要的计算，假设判断文件是否准备妥当的成本小于准备文件的成本（而且文件很可能已经准备好了）。

如果第二个操作数包含副作用，那么程序员应谨慎行事，因为副作用是否真的发生可能并不明显。例如，在下列代码片段中，i 的值仅在 i >= 0 时递增。

```
enum { max = 15 };
int i = 17;
```

```
if ( (i >= 0) && ( (i++) <= max) ) {
  // ---snip---
}
```

这段代码也许没问题，但更有可能会出错。

4.11 转换运算符

转换（也称为**类型转换**）运算符显式地将一种类型的值转换为另一种类型。只需将加了圆括号的类型名放置在表达式之前，就可以将该表达式的值转换为指定类型的非限定版本。下列代码演示了将 x 从 double 类型显式转换（或类型转换）为 int 类型。

```
double x = 1.2;
int sum = (int)x + 1; // 从 double 显式转换为 int
```

除非类型名指定的是 void，否则必须是限定或非限定的标量类型。操作数也必须是标量类型，指针类型不能被转换为浮点类型，反之亦然。

类型转换功能极为强大，务必谨慎使用。首先，类型转换可以按照指定类型重新解读现有的位，无须更改任何位。

```
intptr_t i = (intptr_t)some_pointer; // 将位按照整数重新解读
```

类型转换也可以更改这些位，使其能够按照结果类型表示原值。

```
int i = (int)some_float; // 按照整数表示方式更改位
```

类型转换还能禁止诊断信息。例如，考虑下列代码片段。

```
char c;
// ---snip---
while ((c = fgetc(in)) != EOF) {
  // ---snip---
}
```

如果使用开启了 /W4 警告级别的 Visual C++ 2019 编译上述代码，则会产生下列诊断信息。

```
Severity Code Description
Warning C4244 '=': conversion from 'int' to 'char', possible loss of data
```

加入 char 类型转换会禁止诊断信息程序，但修复不了问题。

```
char c;
while ((c = (char)fgetc(in)) != EOF) {
  // ---snip---
}
```

为了减轻这些风险，C++定义了自己的类型转换，但功能要逊色一些。

4.12　条件运算符

条件运算符（?:）是 C 语言中唯一接受 3 个操作数的运算符。它根据条件返回结果。可以像下面这样使用条件运算符。

```
result = condition ? valueReturnedIfTrue : valueReturnedIfFalse;
```

条件运算符对第一个称为**条件**的操作数求值。如果条件为真，就求值第二个操作数（valueReturnedIfTrue）；否则，求值第三个操作数（valueReturnedIfFalse）。最终结果是第二个或第三个操作数的值（取决于对哪个操作数进行了求值）。

结果会根据第二个和第三个操作数转换为公共类型。在第一个操作数的求值和第二个或第三个操作数（视具体求值的操作数而定）的求值之间存在一个顺序点，因此编译器会在求值第二个或第三个操作数之前确保所有的副作用都结束。

条件操作数类似于 if-else 控制语句块，但是会像函数那样返回值。不同于 if-else，可以使用条件运算符初始化 const 限定对象。

```
const int x = (a < b) ? b : a;
```

条件运算符的第一个操作数必须是标量类型。第二个和第三个操作数必须具有兼容的类型（粗略地说）。有关该运算符的约束以及如何确定返回类型的更多细节，请参考 C 语言标准（ISO/IEC 9899:2018）的 6.5.15 节。

4.13　_Alignof 运算符

_Alignof 运算符会产生一个整数常量，表示其操作数所具有的完整对象类型的对齐要求。它不对操作数求值。当应用于数组类型时，会返回数组元素类型的对齐要求。该运算符通常借助于更方便的 alignof 宏来使用，后者的定义可以在头文件<stdalign.h>中找到。_Alignof 运算符可用于静态断言和运行期断言，验证关于程序的各种假设（第 11 章会进一步讨论）。断言的目的在于诊断假设无效的情况。代码清单 4-7 演示了 _Alignof 运算符和 alignof 宏的用法。

代码清单 4-7   _Alignof 运算符的用法

```
#include <stdio.h>
#include <stddef.h>
#include <stdalign.h>
#include <assert.h>

int main(void) {
  int arr[4];
  static_assert(_Alignof(arr) == 4, "unexpected alignment"); // 静态断言
  assert(alignof(max_align_t) == 16); // 运行期断言
  printf("Alignment of arr = %zu\n", _Alignof(arr));
  printf("Alignment of max_align_t = %zu\n", alignof(max_align_t));
}
```

这个简单的程序没有做什么特别有用的事。它声明了一个由 4 个整数组成的数组 arr，随后是关于数组对齐的静态断言，以及关于 max_align_t（一种对象类型，其对齐要求是基本对齐中最大的）对齐的运行期断言。最后打印出这些值。如果启用了运行期断言，那么程序可能会因为static_assert 而无法编译，或是因为运行期断言失败并且不打印任何内容，否则将输出以下内容。

```
Alignment of arr = 4
Alignment of max_align_t = 16
```

4.14   关系运算符

关系运算符包括==（等于）、!=（不等于）、<（小于）、>（大于）、<=（小于或等于）以及>=（大于或等于）。如果指定的关系为真，就返回 1；如果为假，则返回 0。同样是出于历史原因，返回值类型为 int。

注意，C 语言并不会像一般数学那样将表达式 a < b < c 解读为 b 大于 a 但小于 c，而是将其视为(a < b) < c。通俗地说，如果 a 小于 b，那么编译器就会将 1 与 c 进行比较；否则，会将0 与 c 进行比较。如果那就是你想做的，那么最好加上圆括号，让可能的代码审查人员看清楚。GCC 和 Clang 等编译器提供了-Wparentheses 标志来诊断这类问题。确定 b 是否大于 a 但小于 c的测试可以写作(a < b) && (b < c)。

相等运算符和不等运算符的优先级比其他关系运算符低，没有认识到这一点是常见的错误原因。这意味着表达式 a < b == c < d 等同于(a < b) == (c < d)。在这两种情况下，先分别比较a < b 和 c < d，然后再比较结果（0 或 1）是否相等。

可以使用这些运算符比较算术类型或指针。在比较指针时，结果取决于所指向的对象在地址空间中的相对位置。如果两个指针指向同一个对象，则二者相等。

相等运算符和不等运算符不同于其他关系运算符。例如,不能对指向无关对象的指针使用其他关系运算符,这样做毫无意义。

```
int i, j;
bool b1 = &i < &j;  // 未定义行为
bool b2 = &i == &j; // 可以, 但恒为假 (tautologically false)
```

4.15 复合赋值运算符

复合赋值运算符通过对对象执行操作来修改对象的当前值。复合赋值运算符如表 4-6 所示。

表 4-6　复合赋值运算符

运　算　符	描　　　　述
+= -=	相加后赋值和相减后赋值
*= /= %=	相乘后赋值、相除后赋值和求余后赋值
<<= >>=	左移位后赋值和右移位后赋值
&= ^= |=	按位与后赋值、按位异或后赋值和按位或后赋值

形如 E1 *op* = E2 的复合赋值等同于简单赋值表达式 E1 = E1 *op* (E2),除了 E1 在前者中只求值一次。复合赋值主要作为一种简写法。逻辑运算符没有对应的复合赋值运算符。

4.16 逗号运算符

在 C 语言中,我们以两种截然不同的方式使用逗号:作为运算符和作为分隔列表项的方式(比如函数参数或声明列表)。**逗号运算符**(,)以先后顺序求值两个表达式。首先,将逗号运算符的左操作数作为 void 类型的表达式求值。在左操作数的求值和右操作数的求值之间存在一个顺序点。然后,右操作数在左操作数之后求值。逗号操作的结果具有右操作数的类型和值,这主要是因为它是最后一个求值的表达式。

如果逗号的作用是用于分隔列表项,则不能在此上下文中使用逗号运算符。应该把逗号放入带圆括号的表达式或是条件运算符的第二个表达式中。例如,下列函数调用包含 3 个参数。

```
f(a,❶ (t=3,❷ t+2),❸ c)
```

第一个逗号❶分隔了函数的前两个参数,第二个逗号❷是逗号运算符。先进行赋值,然后再执行加法。因为顺序点的存在,赋值保证会在加法开始之前完成。操作结果具有右操作数的类型(int) 和值(5)。第三个逗号❸分隔了函数的后两个参数。

4.17   指针算术

本章前面提到过可以对算术值或对象指针使用累加运算符（加法和减法）。本节讨论指针和整数相加、指针之间相减以及指针和整数相减。

指针与整数类型的表达式相加或相减的返回值具有指针操作数类型。如果指针操作数指向数组元素，那么结果就会指向距离原始元素一定偏移量的元素。如果结果指针落在数组边界之外，则会发生未定义的行为。结果数组元素和原始数组元素的下标之差等于整数表达式的值。

```
int arr[100];
int *arrp1 = &arr[40];
int *arrp2 = arrp1 + 20;        // arrp2 指向 arr[60]
printf("%td\n", arrp2-arrp1);   // 打印出 20
```

C 语言允许构造指向数组各个元素的指针，包括数组对象最后一个元素之后的指针（也称为**过界指针**，too-far pointer）。尽管这似乎不多见或没什么必要，但很多早期的 C 程序员会对指针进行递增，直至其等于过界指针，C 语言标准委员会可不想让这些代码全都失效，而且 C++ 迭代器中也有这种惯用法。图 4-3 演示了如何构造过界指针。

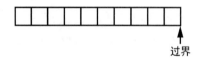

过界

图 4-3   超出数组对象末尾元素一个位置

如果指针操作数和结果指向同一数组对象的元素或过界指针，那么求值就不会造成溢出；否则，属于未定义行为。为了满足过界指针的需求，实现只需要在对象末尾之后额外提供 1 字节（会与程序中的其他对象重叠）。

C 语言也允许将对象视为只包含单个元素的数组，以此获得标量的过界指针。

过界指针这种特殊情况的存在使得我们可以对指针进行递增，直至其等于过界指针，如下列函数所示。

```
int m[2] = {1, 2};

int sum_m_elems(void) {
  int *pi; int j = 0;
  for (pi = &m[0]; pi < &m[2]; ++pi) j += *pi;
  return j;
}
```

在这里，如果 pi 小于数组 m 的过界指针，就执行 sum_m_elems 函数中的 for 语句（详见第 5 章）。在每次迭代的结尾，递增指针 pi，直至其等于过界指针，使得后续循环条件的求值结果为 0。

当对两个指针相减时，二者必须指向同一数组对象的元素或过界元素。该操作会返回两个数组元素的下标之差。结果类型为 ptrdiff_t（有符号整数类型）。指针相减时要小心，因为 ptrdiff_t 的取值范围可能不足以表示非常大的 char 数组的元素指针之差。指针算术会自动**缩放**以处理数组元素大小，而不是单字节。

4.18　小结

在本章中，你学习了如何使用运算符编写简单的表达式，对各种对象类型执行操作。在此过程中，你获知了一些核心的 C 语言概念，比如左值、右值、值计算和副作用，这些概念决定了表达式的求值方式。同时你还了解到运算符优先级、结合性、求值次序、顺序以及交错是如何影响程序执行的总体顺序的。在第 5 章中，你将进一步学习如何使用选择语句、迭代语句和跳转语句来控制程序的执行。

第 5 章

控制流

在本章中，你将学习如何控制单个语句的求值顺序。我们先从定义操作的表达式语句和复合语句开始，然后介绍 3 种确定执行哪些代码块以及执行顺序的语句：选择语句、迭代语句和跳转语句。

5.1　表达式语句

表达式语句是由分号作结的可选表达式。它是最常见的语句种类之一，也是基本的工作单元。代码清单 5-1 展示了表达式语句的例子。

代码清单 5-1　典型的表达式语句

```
a = 6;
c = a + b;
;  // 空语句，什么都不做
++count;
```

第 1 个语句由 a 的赋值表达式组成。第 2 个语句由将 a 和 b 之和赋给 c 的赋值表达式组成。第 3 个语句是空语句，当语言的语法要求出现语句，但又没有需要求值的表达式时，就可以用空语句。空语句通常在迭代语句中做占位之用，或是在复合语句或函数末尾用作放置标签的语句。第 4 个语句的表达式会对 count 的值进行递增。

在对每一个完整表达式求值后，结果值（如果有的话）会被丢弃（包括赋值表达式，其中赋值本身就是该操作的副作用），这样一来，还能派上用场的就是副作用的结果了（参见第 4 章）。本例中有 3 个表达式语句有副作用（null 语句什么也不做）。所有的副作用都完成后，就执行分号后面的语句。

5.2 复合语句

复合语句或**语句块**是位于花括号内的 0 个或多个语句。语句块可以包含本章所描述的任意种类的语句,其中一些语句也可以是声明。(在 C 语言的早期版本中,语句块内的声明必须位于所有非声明语句之前,后来取消了这种限制。)语句块中的每个语句依序执行,除非被控制语句修改了执行流程。对语句块中最后一个语句求过值之后,继续执行右花括号之后的语句。

```
{
  static int count = 0;
  c += a;
  ++count;
}
```

这个例子声明了一个 int 类型的静态变量 count。第 2 行用 a 的值与在外围作用域中声明的变量 c 相加。最后,递增 count 的值,记录该语句块的执行次数。

复合语句能够嵌套,一个复合语句中可以完全包含另一个复合语句。语句块也可以不包含任何语句(只有一对空花括号)。

代码风格

不同的编码风格在何时何地放置花括号方面存在分歧。如果要修改现有的代码,那么明智的做法是遵循该项目已经在使用的风格。否则,可以看看有经验的 C 程序员采用的风格,从中选择一种看起来清晰的。例如,有些程序员将左花括号和右花括号对齐,以便找到某个花括号的配对。其他程序员则遵循《C 语言程序设计》一书中的风格,即将左花括号放在前一行的末尾,而右花括号则自成一行。一旦选择了一种风格,就要坚持使用。

5.3 选择语句

选择语句允许根据控制表达式的值,有条件地执行子语句。**控制表达式**根据条件确定执行哪些语句。可以编写代码,依照不同的输入产生不同的输出。选择语句包括 if 语句和 switch 语句。

5.3.1 if 语句

if 语句允许程序员根据标量类型的控制表达式值执行子语句。

有两种 if 语句。第一种 if 语句会有条件地确定是否执行子语句：

```
if (expression)
    substatement
```

其中，如果 *expression* 不为 0，就执行 *substatement*。这里的 if 语句只有单个子语句会被有条件地执行，但也可以是复合语句。

代码清单 5-2 显示了一个使用 if 语句的除法函数。它使用指定的被除数和除数执行除法，在 quotient 引用的对象中返回结果。该函数会测试被 0 除和有符号整数溢出，并在任何一种情况下都返回 false。

代码清单 5-2   安全的除法函数

```
bool safediv(int dividend, int divisor, int *quotient) {
❶ if (!quotient) return false;
❷ if ((divisor == 0) || ((dividend == INT_MIN) && (divisor == -1)))
   ❸ return false;
❹ *quotient = dividend / divisor;
   return true;
}
```

函数的第 1 行❶测试 quotient，确保其不为空。如果是空指针，那么函数返回 false，表明无法返回值。本章稍后会介绍 return 语句。

函数的第 2 行❷包含了一个比较复杂的 if 语句。它的控制表达式会测试除数是否为 0，或除法是否会导致有符号整数溢出。如果该表达式不为 0，那么函数返回 false❸，表明无法计算商。如果 if 语句的控制表达式求值为 0，函数也未返回，则执行剩下的语句❹。

第二种 if 语句包含 else 子句，当开始的子语句未被选中时，其用于选择另一个子语句执行。

```
if (expression)
    substatement1
else
    substatement2
```

在这种形式中，如果 *expression* 不为 0，就执行 *substatement1*；如果 *expression* 为 0，则执行 substatement2。两个子语句总是有一个会执行，但绝不会全都执行。

对于 if 语句的任何一种形式，根据条件执行的子语句也可以是 if 语句。一种常见的用法是 if...else 阶梯，如代码清单 5-3 所示。

代码清单 5-3　if...else 阶梯

```
if (expr1)
  substatement1
else if (expr2)
  substatement2
else if (expr3)
  substatement3
else
  substatement4
```

if...else 阶梯中的 4 个语句有且只有一个会执行。

❑ 如果 *expr1* 不为 0，那么就执行 *substatement1*。

❑ 如果 *expr1* 为 0 且 *expr2* 不为 0，那么就执行 *substatement2*。

❑ 如果 *expr1* 和 *expr2* 为 0 且 *expr3* 不为 0，那么就执行 *substatement3*。

❑ 如果之前的条件都为 0，那么就执行 *substatement4*。

代码清单 5-4 中的例子使用 if...else 阶梯打印成绩等级。

代码清单 5-4　使用 if...else 阶梯打印成绩等级

```
void printgrade(unsigned int marks) {
  if (marks >= 90) {
    puts("YOUR GRADE : A");
  } else if (marks >= 80) {
    puts("YOUR GRADE : B");
  } else if (marks >= 70) {
    puts("YOUR GRADE : C");
  } else {
    puts("YOUR GRADE : Failed");
  }
}
```

在 if...else 阶梯中，printgrade 函数会测试 unsigned int 类型的参数 marks，判断其是否大于或等于 90。如果是，那么函数会打印 YOUR GRADE : A。否则，会测试 marks 是否大于或等于 80，就这样沿着 if...else 阶梯向下进行。如果 marks 不大于或等于 70，那么函数会打印 YOUR GRADE :Failed。这个例子使用的编码风格选择将右花括号放在同行的 else 子句之后。

if 语句之后只有一个语句会执行。例如，在下面的代码片段中，仅当 condition 不为 0 时才执行 conditionally_executed_function，但是 unconditionally_executed_function 始终都会执行。

```
if (condition)
  conditionally_executed_function();
unconditionally_executed_function(); // 始终执行
```

试图添加其他条件执行函数是一个常见的错误。

```
if (condition)
  conditionally_executed_function();
  second_conditionally_executed_function(); // ???
unconditionally_executed_function(); // 始终执行
```

在上述代码片段中，second_conditionally_executed_function 是**无条件**执行的。函数名和缩进格式化把人给骗了，因为空白字符（一般）和缩进（尤其）对于语法是没有什么意义的。修复方式是添加花括号，形成复合语句或语句块，然后就可以作为单个条件执行语句执行了。

```
if (condition) {
  conditionally_executed_function();
  second_conditionally_executed_function(); // 已修复
}
unconditionally_executed_function(); // 始终执行
```

虽然原始代码片段也没错，但许多编码指南建议始终包含大括号以避免此类错误。

```
if (condition) {
  conditionally_executed_function();
}
unconditionally_executed_function(); // 始终执行
```

我个人的风格是仅当能在 if 语句的同一行包含条件执行语句时才省略花括号。

```
if (!quotient) return false;
```

如果让 IDE 为你格式化代码，那么这个问题就不那么严重了，因为编译器不会被是否有花括号所迷惑。一些编译器（比如 GCC 的 -wmisleading-indentation）也会检查代码缩进，当出现与控制流不一致时发出警告。

5.3.2 switch 语句

switch 语句的工作方式类似于 if...else 阶梯，除了控制表达式必须为整数类型。例如，代码清单 5-5 中的 switch 语句与代码清单 5-4 中的 if...else 阶梯实现了相同的功能（假设 marks 是位于 0 ~ 100 区间的整数）。如果 marks 大于 109，则会导致成绩分级失败，因为商大于 10，因此会被 default 分支捕获。

代码清单 5-5 使用 switch 语句打印成绩等级

```
switch (marks/10) {
  case 10:
  case 9:
    puts("YOUR GRADE : A");
    break;
  case 8:
    puts("YOUR GRADE : B");
    break;
  case 7:
    puts("YOUR GRADE : C");
    break;
  default:
    puts("YOUR GRADE : Failed");
}
```

switch 语句会使得控制跳转到三个子语句之一，具体取决于控制表达式的值和每个 case 标签的常量表达式。跳转之后，代码依序执行，直到下一个控制流语句。在我们的例子中，跳转到 case 10（没有子语句）后会直落（fall-through）到 case 9 并执行其中的子语句。这种处理逻辑是必要的，以便完美的 100 分对应等级 A，而不是 F（Failed）。

可以终止 switch 的执行，使得控制跳转到整个 switch 语句之后继续执行。本章稍后会详细讨论 break 语句。一定要记得在下一个 case 标签之前加上 break 语句。如果省略，则控制流会直落到紧随的 case 标签，这是一种常见的错误。因为 break 语句并不是必不可少的，所以将其忽略通常也不会产生编译器诊断信息。GCC 在使用了-Wimplicit-fallthrough 标签时会对这种情况发出警告。C2x 标准引入了[[fallthrough]]属性，程序员可以借此指定直落行为是可取的，假设静默直落（silent fall-through）是因为意外省略了 break 语句。

控制表达式会被执行整数提升。每个 case 标签中的常量表达式会被转换为控制表达式提升后的类型。如果转换后的值匹配提升后的控制表达式值，那么控制就会跳转到匹配的 case 标签之后的语句。否则，如果有 default 标签，控制就会跳转到属于该标签的子语句。如果找不到能够匹配的 case 常量表达式（经过类型转换后的），也没有 default 标签，则不执行 switch 的主体部分。当出现嵌套 switch 语句时，case 或 default 标签只能由最内层的 switch 语句访问。

关于 switch 语句的用法有一些最佳实践。代码清单 5-6 展示了一个不算错误（not incorrect）的 switch 语句实现，它根据账户类型给账户分配利率。该示例中的银行提供了固定数量的账户类型，因此账户类型使用 AccountType 枚举表示。

代码清单 5-6 没有 default 标签的 switch 语句

```
typedef enum { Savings, Checking, MoneyMarket } AccountType;
void assignInterestRate(AccountType account) {
```

```
  double interest_rate;
  switch (account) {
    case Savings:
      interest_rate = 3.0;
      break;
    case Checking:
      interest_rate = 1.0;
      break;
    case MoneyMarket:
      interest_rate = 4.5;
      break;
  }
  printf("Interest rate = %g.\n", interest_rate);

}
```

assignInterestRate 函数定义了一个枚举类型的参数 assignInterestRate, 对其使用 switch
语句, 为各类账户分配利率。上述代码没什么错误, 但如果需要改动, 那么程序员至少需要更新
两处代码。假设银行又推出了一种新的账户: 存单。程序员要相应地更新 AccountType 枚举。

```
typedef enum { Savings, Checking, MoneyMarket, CD } AccountType;
```

但是, 程序员忘了修改 assignInterestRate 函数中的 switch 语句。因此, interest_rate 未
被赋值, 导致函数在打印该值时, 读取的是未初始化过的变量。这是一种常见的错误, 因为枚举
可能是在远离 switch 语句的位置声明的, 程序中也可能包含了很多类似的在控制表达式中引用
了 AccountType 类型对象的 switch 语句。如果使用了 -Wswitch-enum 标志, 那么 Clang 和 GCC 就
会帮助在编译期间诊断此类问题。或者, 可以通过在 switch 中加入 default 标签来防止此类错误。

```
default: abort();
```

abort 函数(在<stdlib.h>头文件中声明)会导致程序异常终止, 简化错误检测。可以在 switch
语句中加入 default 标签, 提高代码的可测试性, 如代码清单 5-7 所示。

代码清单 5-7   使用 default 标签的 switch 语句

```
typedef enum { Savings, Checking, MoneyMarket, CD } AccountType;
void assignInterestRate(AccountType account) {
  double interest_rate;
  switch (account) {
    case Savings:
      interest_rate = 3.0;
      break;
    case Checking:
      interest_rate = 1.0;
      break;
    case MoneyMarket:
```

```
      interest_rate = 4.5;
      break;
    case CD:
      interest_rate = 7.5;
      break;
    default: abort();
  }
  printf("Interest rate = %g.\n", interest_rate);
  return;
}
```

switch 语句现在添加了 CD 分支, 用不到 default 子句。然而, 保留 default 子句是一种好做法, 以免以后又引入其他账户类型。

包含 default 子句的缺点在于抑制了编译器警告, 直到程序运行期间才能诊断出问题。因此, 编译器警告（如果你的编译器支持的话）是一种更好的方法。

5.4 迭代语句

迭代语句会根据终止条件, 执行子语句（或复合语句）0 次或多次。迭代（iteration）一词的意思是 "重复的过程"。更多的时候, 迭代语句俗称为循环。循环（loop）一词的意思是 "首尾相接的过程"。

5.4.1 while 语句

while 语句使得循环体被重复执行, 直至控制表达式为 0。控制表达式的求值发生在执行循环体之前。考虑下面的例子。

```
void f(unsigned int x) {
  while (x > 0) {
    printf("%d\n," x);
    --x;
  }
  return;
}
```

如果 x 的初始值不大于 0, 那么 while 循环就直接退出, 不执行循环体。如果 x 大于 0, 则输出其值, 然后递减。一旦到达循环末尾, 就再次测试控制表达式。这种模式不断重复, 直至控制表达式为 0。总的来说, 这个循环将从 x 倒数到 1。

while 循环是一种简单的入口控制循环（entry-controlled loop）, 只要入口条件成立, 就会执行。代码清单 5-8 展示了 C 标准库函数 memset 的实现。该函数会将 val 的值（转换为 unsigned char）

复制到由 dest 所指向对象的前 n 个字符中。

代码清单 5-8　C 标准库函数 memset

```
void *memset(void *dest, int val, size_t n) {
  unsigned char *ptr = (unsigned char*)dest;
  while (n-- > 0)
    *ptr++ = (unsigned char)val;
  return dest;
}
```

memset 函数的第 1 行将 dest 转换为 unsigned char 指针并将其赋给同类型的指针 prt。这样我们就保留了 dest 的值，以便在函数最后一行返回该值。接下来两行是一个 while 循环，用于将 val 的值（转换为 unsigned char）复制到由 dest 所指向对象的前 n 个字符中。while 循环的控制表达式测试 n-- > 0。

参数 n 是一个**循环计数器**，每次迭代都会递减，作为控制表达式求值的副作用。在本例中，该循环计数器单调递减，直至达到最小值（0）。循环重复执行 n 次，其中 n 小于或等于 ptr 引用的**内存边界**。

指针 ptr 指定了一系列类型为 unsigned char 的对象，地址从 ptr 到 ptr + n - 1。val 的值被转换为 unsigned char 并依次写入各个对象。如果 n 大于 ptr 引用的对象边界，那么 while 循环就会写入对象边界之外的内存。这属于未定义行为，是一种常见的安全权限，称为**缓冲区溢出**或**越界**。如果满足这些先决条件，那么 while 循环将终止，不会出现未定义的行为。在循环的最后一次迭代中，控制表达式 n--> 0 的求值结果为 0，导致循环终止。

有可能写出**无限循环**——一个永远运行的循环。为了避免 while 循环停不下来，请确保在 while 循环开始之前初始化控制表达式引用的所有对象。还要确保在 while 循环的执行过程中，控制表达式会发生变化，使得循环得以在迭代一定次数后终止。

5.4.2　do...while 语句

do...while 语句类似于 while 语句，除了控制表达式是在每次执行完循环体之后而不是之前求值。因此，循环体在测试条件之前肯定能执行一次。do...while 的迭代语句语法如下所示。

```
do
  statement
while ( expression );
```

在 do...while 迭代中，statement 总是会执行，在此之后，对 expression 进行求值。如果 expression 不为 0，那么控制就会返回到循环开头，再次执行 statement。否则，执行循环之后的语句。

do...while 语句多用于 I/O 操作，其中需要在测试数据流状态之前先读取数据流，如代码清单 5-9 所示。

代码清单 5-9 重复接受来自 stdin 的数量、度量单位和条目名称

```
#include <stdio.h>
//---snip---
int count; float quant; char units[21], item[21];
do {
  count = fscanf(stdin, "%f%20s of %20s", &quant, units, item);
  fscanf(stdin,"%*[^\n]");
} while (!feof(stdin) && !ferror(stdin));
```

上述代码从标准输入流 stdin 处读入数量（浮点数）、度量单位（字符串）以及条目名称（字符串），直至碰到文件结束指示器（end-of-file indicator）或发生读取错误。第 8 章会详细讨论 I/O。

5.4.3 for 语句

for 语句可能是 C 语言中最有 C 语言 "范儿" 的东西了。for 语句会重复执行指定语句，通常用于迭代次数在循环前就已预知的场景。for 语句的语法如下所示。

```
for (clause1; expression2; expression3)
  statement
```

控制表达式 expression2 在每次执行循环体之前求值，expression3 在每次执行循环体之后求值。如果 clause1 是声明，则其中声明的标识符的作用域为该声明的余下部分以及包括 expression2 和 expression3 在内的整个循环。

当我们将 for 语句转换为等同的 while 循环时，clause1、expression2 和 expression3 的作用就一目了然了，如图 5-1 所示。

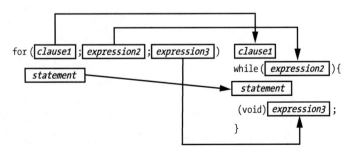

图 5-1 将 for 循环转换为 while 循环

代码清单 5-10 展示了代码清单 5-8 中 memset 实现的修改版本,这里使用 for 循环替换了 while 循环。

代码清单 5-10   使用 for 循环填充字符数组

```
void *memset(void *dest, int val, size_t n) {
  unsigned char *ptr = (unsigned char *)dest;
  for (size_t i = 0;❶ i < n;❷ ++i❸) {
    *(ptr + i) = val;
  }
  return dest;
}
```

for 循环流行于 C 程序员之间,因为它提供了一个方便的位置来声明和初始化循环计数器❶,指定循环控制表达式❷以及递增循环计数器❸,一行搞定则全部搞定。

for 循环的名字多少有些误导。以 C 语言中的单链表为例,该链表声明了一个 node 结构,此结构由 data 元素和指向链表中下一个节点的指针组成。我们还定义了一个指向 node 结构的指针 p。

```
struct node {
  int data;
  struct node *next;
};
struct node *p;
```

使用 p 的定义,以下代码片段(用于释放链表的存储空间)错误地在 p 已经被释放之后读取其值。

```
for (p = head; p != NULL; p = p->next)
  free(p);
```

在 p 被释放之后读取其值是一种未定义行为。

如果将该循环重写为 while 循环,那么这种错误做法就变得一目了然了。

```
p = head;
while (p != NULL) {
  free(p);
  p = p->next;
}
```

for 循环让人困扰的地方在于它是在循环体之后对 *expression3* 进行求值的,而在书写形式上,expression3 却是出现在循环体之前。

正确的做法是在释放指针之前先保存，如下所示。

```
for (p = head; p != NULL; p = q) {
  q = p->next;
  free(p);
}
```

关于动态内存分配的更多内容详见第 6 章。

5.5　跳转语句

跳转语句可以无条件地将控制转移到同一函数的其他位置。这是最底层的控制流语句，通常紧密对应于底层的汇编语言代码。

5.5.1　goto 语句

任何语句之前都可以加上**标签**，它由标识符和紧随其后的冒号组成。goto 语句可以跳转到其所在函数内以具名标签为前缀的语句。跳转是无条件的，这意味着每次执行 goto 语句都会发生跳转。来看一个 goto 语句的例子。

```
/* 执行过的语句 */
goto location;
/* 跳过的语句 */
location:
/* 执行过的语句 */
```

代码一直执行到 goto 语句，这时控制跳转到标签 location 之后的语句，然后继续执行。goto 语句和标签之间的语句被略过。

自从 Edsger Dijkstra 在 1968 年发表了题为 "Go To Statement Considered Harmful" 的论文之后，goto 就落下了一个不好的名声。Dijkstra 指责如果随意乱用 goto 语句，就会导致**意大利面条式的代码**。这种代码的控制结构复杂且混乱，导致程序流就好像一碗意大利面条那样纠缠扭曲在一起。但如果能以清晰一致的方式使用，则 goto 语句也可以提高代码的易读性。

goto 语句的一种实用用法是将多个 goto 链接在一起，在出现错误且必须离开函数时，用以释放已分配的资源（比如动态分配的内存或打开的文件）。这种场景出现在会多次分配资源的程序中，每次分配都有可能失败，必须释放资源以防止泄漏。如果第一次资源分配失败，那么无须清理，因为本来没有分配过任何资源。但是，如果第二次分配失败，则需要释放第一次已分配的资源。类似地，如果第三次分配失败，那么就要释放前两次已分配的资源。这种模式会导致重复的资源清理代码，并且由于重复和额外的复杂性，很容易造成错误。

一种解决方案是使用嵌套 if 语句，但如果嵌套过深，则也会变得难以阅读。可以选择使用代码清单 5-11 显示的 goto 链来释放资源。

代码清单 5-11 使用 goto 链释放资源

```
int do_something(void) {
  FILE *file1, *file2;
  object_t *obj;
  int ret_val = 0; // 一开始假设一个成功的返回值

  file1 = fopen("a_file", "w");
  if (file1 == NULL) {
    ret_val = -1;
    goto FAIL_FILE1;
  }

  file2 = fopen("another_file", "w");
  if (file2 == NULL) {
    ret_val = -1;
    goto FAIL_FILE2;
  }

  obj = malloc(sizeof(object_t));
  if (obj == NULL) {
    ret_val = -1;
    goto FAIL_OBJ;
  }

  // 处理已分配的资源

  // 清理资源
  free(obj);
FAIL_OBJ:  // 否则，只关闭打开过的资源
  fclose(file2);
FAIL_FILE2:
  fclose(file1);
FAIL_FILE1:
  return ret_val;
}
```

上述代码遵循了一个简单的模式：资源按一定顺序分配、操作，然后以相反（后进先出）的顺序释放。如果在分配资源时发生错误，则代码会使用 goto 跳转到清理代码中的适当位置，仅释放已分配的资源。

以这种结构化方式使用 goto 语句能够提高代码的可读性。一个真实的例子是 Linux 内核中的 copy_process 函数（kernel/fork.c），它使用 17 个 goto 标签在内部函数失败时执行清理代码。

5.5.2　continue 语句

可以在循环内使用 continue 语句跳转到循环体结尾，跳过本次迭代中剩余的语句。例如，在代码清单 5-12 所示的每个循环内，continue 语句等同于 goto END_LOOP_BODY。

代码清单 5-12　使用 continue 语句

```
while (/* … */) {
  //---snip---
  continue;
  //---snip---
END_LOOP_BODY: ;
}
```

```
do {
  //---snip---
  continue;
  //---snip---
END_LOOP_BODY: ;
} while (/* … */);
```

```
for (/* … */) {
  //---snip---
  continue;
  //---snip---
END_LOOP_BODY: ;
}
```

continue 语句多与条件语句结合使用，以便在当前迭代的目标实现后，继续进行后续的迭代。

5.5.3　break 语句

break 语句可以终止 switch 或迭代语句的执行。先前在 switch 语句中用过 break。在循环内，break 语句会终止循环，使程序继续执行循环之后的语句。例如，在下面的例子中，for 循环仅在按下大写或小写的 Q 键时退出。

```
#include <stdio.h>
int main(void) {
  char c;
  for(;;) {
    puts("Press any key, Q to quit: ");
    c = toupper(getchar());
    if (c == 'Q') break;
  }
} // 循环仅在按下大写或小写的 Q 键时退出
```

通常使用 break 语句在循环的工作完成后退出循环。例如，代码清单 5-13 中的 break 语句在找到数组中的指定键后就退出循环。假设 key 在 arr 中是唯一的，find_element 函数就算不用 break 语句也照样完成任务，但是取决于数组的长度和 key 的位置，函数可能会执行更多的指令，对性能造成负面影响。

代码清单 5-13　跳出循环

```
size_t find_element(size_t len, int arr[len], int key) {
  size_t pos = (size_t)-1;
  // 遍历 arr，搜索 key
  for (size_t i = 0; i < len; ++i) {
    if (arr[i] == key) {
      pos = i;
```

```
    break;    // 终止循环
    }
  }
  return pos;
}
```

因为 continue 和 break 会绕过部分循环体，所以使用二者时要小心：这些语句之后的代码都不会执行。

5.5.4   return 语句

return 语句可以终止当前函数的执行并将控制权返回给调用者。本书已经介绍过不少 return 语句的例子。一个函数可以有 0 个或多个 return 语句。

return 语句可以简单地返回，也可以返回一个表达式。对于 void 函数（不返回任何值的函数），return 语句就是简单地返回而已。对于有返回值的函数，return 语句应该返回一个能产生返回类型值的表达式。如果执行含有表达式的 return 语句，则该表达式的值会作为函数调用表达式的值返回给调用者。

```
int sum(int x, int y, int z) {
  return x + y + z;
}
```

这个简单的函数对参数进行相加并将求和结果返回。返回表达式 x + y + z 会产生 int 类型的值，与函数的返回类型一致。如果该表达式产生了不同类型的值，则会被隐式转换为函数的返回类型。返回表达式也可以简单地返回 0 或 1。函数结果可用于表达式或赋值给变量。

注意，如果控制到达非 void 函数（声明返回值的函数）的右圆括号，其间没有对含有表达式的 return 语句求值，那么使用函数调用的返回值属于未定义的行为。例如，当 a 为非负值时，下列函数没有返回值，因为条件 a < 0 为假。

```
int absolute_value(int a) {
  if (a < 0) {
    return -a;
  }
}
```

可以在 a 为非负值时提供返回值，轻松地解决这个问题，如代码清单 5-14 所示。

代码清单 5-14   在各种情况下都有返回值的 absolute_value 函数

```
int absolute_value(int a) {
  if (a < 0) {
```

```
    return -a;
  }
  return a;
}
```

然而，如果使用的是补码（参见第 3 章），则上述代码仍存在 bug。如何找出这个 bug 就作为练习留给你吧。

5.6 练习

尝试自己完成下列编码练习。

(1) 修改代码清单 5-11 中的代码，使其清晰地告知调用者哪个文件没有打开。

(2) 修复代码清单 5-14 中 absolute_value 函数遗留的 bug。

5.7 小结

在本章中，你学习了各种控制流语句。

❑ 诸如 if 和 switch 等选择语句，允许根据控制表达式的值从一组语句中进行选择。
❑ 迭代语句重复执行循环体，直至控制表达式为 0。
❑ 跳转语句无条件地将控制转移到新位置。

第 6 章将介绍动态分配内存。

第 6 章

动态分配内存

通过第 2 章，你知道了每个对象都有决定其生命期的存储期。C 语言定义了 4 种存储期：静态（static）、线程（thread）、自动（automatic）和分配（allocated）。本章将介绍动态分配内存，这是在程序运行期间从堆中分配的内存。动态分配内存适用于在程序运行前不清楚确切内存需求的情况。

本章先描述分配、静态和自动存储期之间的差异。线程存储期涉及并行执行，本书不打算在此介绍。然后我们会讲到用于分配和释放动态内存的函数、常见的内存分配错误以及避免这些错误的策略。术语"内存"（memory）和"存储"（storage）会在本章交替使用，就像二者在实践中的用法一样。

6.1 存储期

对象占据**存储空间**，该存储空间可能是随机访问内存（RAM）、只读内存（ROM）或寄存器。分配存储期与自动存储期或静态存储期有着显著的区别。先来回顾一下第 2 章讲过的自动存储期和静态存储期。

在语句块内或作为函数参数声明的对象具有自动存储期。这类对象的生命期从其声明所在的语句块开始执行算起，到该语句块结束执行终止。如果语句块递归执行，则每次都会创建一个新对象，各自拥有自己的存储空间。

在文件作用域内声明的对象具有静态存储期。这类对象的生命期是程序的整个执行阶段，对象的值会在程序启动前被初始化。也可以在块作用域内使用存储类说明符 static 声明具有静态存储期的变量。

6.1.1 堆和内存管理器

动态分配内存具有**分配存储期**。这种对象的生命期从分配那刻开始，直到释放时结束。动态分配的内存取自**堆**（heap），所谓堆就是一个或多个比较大的可分割内存块，由内存管理器负责管理。

内存管理器是一种库，通过实现本章后面描述的标准内存管理功能帮助你管理堆。内存管理器作为客户进程的一部分来运行。当客户进程调用内存分配函数时，内存管理器会向操作系统请求一个或多个内存块，然后将其分配给客户进程。

内存管理器只负责分配内存和释放内存。一旦完成分配，就由调用者管理内存，直至将内存归还。释放内存归调用者负责，不过大多数实现会在程序终止时回收动态分配的内存。

内存管理器实现

内存管理器通常是在高德纳（Knuth，1997）所描述的动态存储分配算法的基础上实现的变体。该算法使用边界标签（boundary tag），这种标签是位于返回给程序员的内存块前后的大小字段。此大小信息允许从任何已知块沿任一方向遍历所有内存块，使得内存管理器将两个相邻的未使用块合并为一个更大的块，以此减少内存碎片。

分配和释放内存时会产生**内存碎片**，导致出现许多小内存块，但没有大的内存块。因此，即使可用内存的总量足够，较大的分配也会失败。分配给客户进程以及供内存管理器内部使用的内存位于客户进程的可寻址内存空间内。

6.1.2 什么时候使用动态分配内存

动态分配内存适用于在程序运行前不清楚确切内存需求的情况。就效率而言，动态分配内存不如静态分配内存，因为内存管理器需要程序在运行期间从堆中查找大小合适的内存块，当不再需要这些内存块的时候，调用者必须显式地将其释放，所有这些都需要额外的处理。在默认情况下，对于大小在编译期已知的对象，在声明的时候应该使用自动或静态存储期。

当不再需要的动态分配内存没有归还给内存管理器时，就会发生**内存泄漏**。如果泄漏情况严重，那么内存管理器最终将无法满足新的内存申请。动态分配的内存还需要像**碎片整理**（合并相邻的空闲块）这样的额外的内务处理操作。为了协助这些处理过程，内存管理器往往还要为相关的控制结构额外提供存储空间。

如果存储大小在编译期间未知或对象个数在程序运行前不确定，则通常要用到动态分配内存。例如，可能要在程序运行期间使用动态分配内存从文件中读取表格，尤其是在当你编译的时候还不知道这张表格会有多少行的情况下。类似地，可以使用动态分配内存来创建链表、哈希表、二叉树或其他数据结构，对于这类结构，每个容器中保存的数据元素数量在编译时是未知的。

6.2　内存管理函数

C 标准库定义了用于动态分配和释放内存的相关内存管理函数，其中包括 malloc、aligned_alloc、calloc 和 realloc。可以调用 free 函数释放内存。OpenBSD 的 reallocarray 函数不是由 C 标准库定义的，但是对于内存分配非常有用。

6.2.1　malloc 函数

malloc 函数为指定大小的对象分配内存，该对象的初始值不确定。在代码清单 6-1 中，我们调用 malloc 函数为 struct widget 大小的对象动态分配内存。

代码清单 6-1　使用 malloc 函数为 widget 分配内存

```
#include <stdlib.h>
typedef struct {
  char c[10];
  int i;
  double d;
} widget;

❶ widget *p = malloc(sizeof(widget));
❷ if (p == NULL) {
    // 处理分配错误
  }
  // 继续处理
```

所有的内存分配函数都接受一个类型为 size_t 的参数，用于指定要分配内存的字节数❶。出于可移植性的考虑，可以使用 sizeof 运算符计算对象的大小，因为不同类型对象的大小（比如 int 和 long）在不同的实现中可能不一样。

malloc 函数要么返回指示错误的空指针，要么返回指向已分配内存的指针。因此，可以检查 malloc 的返回值是否为空指针❷，并做出相应的错误处理。

当函数成功返回分配好的内存之后，可以通过指针 p 访问 widget 结构的成员。例如，p->i 会访问 widget 的 int 成员，而 p->d 会访问 double 成员。

1. 分配内存而不声明类型

可以将 malloc 的返回值保存为 void 指针，避免声明引用对象的类型。

```
void *p = malloc(size);
```

也可以使用 char 指针，在 C 语言引入 void 类型之前，这是一种惯用做法。

```
char *p = malloc(size);
```

不管是哪种情况，在将对象复制到内存之前，p 引用的对象都没有类型。在此之后，最后一个被复制的对象的**有效类型**即为 p 所引用对象的类型。在下面的例子中，p 引用的内存在调用 memcpy 之后具有 widget 的有效类型。

```
widget w = {"abc", 9, 3.2};
memcpy(p, &w, sizeof(widget));  // 强制转换为 void *指针
printf("p.i = %d.\n", p->i);
```

因为不管什么类型的对象都可以保存在已分配的内存中，所以对于包括 malloc 在内的所有内存分配函数返回的指针，都可以使其指向任意类型的对象。如果某个实现具有 1、2、4、8 和 16 字节对齐的对象，并且分配了 16 或更多字节的内存，则返回的指针对齐 16 的倍数。

2. 将指针转换为已声明对象的类型

即便专家级别的 C 程序员在是否将 malloc 返回的指针转换为已声明对象的类型问题上也存在分歧。下列赋值语句会将指针转换为指向 widget 的指针。

```
widget *p = (widget *)malloc(sizeof(widget));
```

严格来说，这里没必要做类型转换。C 语言允许将 void 指针（malloc 返回的类型）隐式转换为指向任意类型对象的指针，转换后的指针能够正确对齐这些对象（否则属于未定义行为）。将 malloc 的结果转换为预期的指针类型能使编译器捕获无意的指针转换，以及分配大小与类型转换表达式中指向类型大小之间的差异。

本书中的例子通常使用类型转换，不过两种方式都可以接受。关于该主题的更多信息参见 CERT C 规则 MEM02-C（Immediately cast the result of a memory allocation function call into a pointer to the allocated type，将内存分配函数调用的结果立即转换为指向分配类型的指针）。

3. 读取未初始化的内存

malloc 函数返回的内存的内容是**未经初始化**的，这意味着其中包含着不确定的值。读取未初始化的内存绝不是什么好主意，应该将其视为未定义行为。如果想了解更多，可以看一下我写过的一篇关于**未初始化读取**的深度文章（Seacord，2017）。malloc 函数不会初始化返回的内存，因为它认为反正都要重写这部分内存。

即便如此，初学者常犯的错误就是误认为 malloc 返回的内存中包含的都是 0。代码清单 6-2 中的程序就犯了这个错误。

代码清单 6-2　初始化错误

```
#include <stdio.h>
#include <stdlib.h>
#include <string.h>

int main(void) {
  char *str = (char *)malloc(16);
  if (str) {
    strncpy(str, "123456789abcdef", 15);
    printf("str = %s.\n", str);
    free(str);
    return EXIT_SUCCESS;
  }
  return EXIT_FAILURE;
}
```

该程序调用 malloc，分配了 16 字节的内存，然后使用 strncpy 将字符串的前 15 字节复制到已分配的内存中。程序员试图通过复制比分配的内存大小少 1 字节来创建一个正确的空字符结尾（null-terminated）字符串。这样做时，程序员假定分配的内存空间已经包含一个 0 值作为空字节。但是，其中很容易出现非 0 值，在这种情况下，字符串无法正确地以空字符结尾，并且对 printf 的调用会导致未定义的行为。

一种常见的解决方案是在已分配内存的最后 1 字节写入空字符，如下所示。

```
  strncpy(str, "123456789abcdef", 15);
❶ str[15] = '\0';
```

如果源字符串小于 15 字节，那么 strncpy 会自动添加空字符，因此❶处的赋值就没必要了。如果源字符串为 15 字节或更长，则加入这个赋值语句能确保字符串正确地以空字节结尾。

6.2.2　aligned_alloc 函数

aligned_alloc 函数与 malloc 函数类似，但前者要求定义对齐以及分配对象的大小。该函数原型如下，其中 size 指定了对象大小，alignment 指定了对齐。

```
void *aligned_alloc(size_t alignment, size_t size);
```

C11 引入了 aligned_alloc 函数，因为有些硬件对内存的对齐要求比普通情况还要严格。尽管 C 语言要求 malloc 动态分配的内存与所有标准类型（包括数组和结构）充分对齐，但有时可能需要覆盖编译器的默认选择。

我们通常使用 aligned_alloc 函数请求比默认情况更加严格的对齐（也就是 2 的更大的幂）。如果实现不支持 alignment 指定的对齐值，那么函数就会失败，返回空指针。关于对齐的更多信息参见第 2 章。

6.2.3 calloc 函数

calloc 函数可以为 nmemb 对象数组分配内存，每个数组元素大小为 size 字节。函数原型如下所示。

```
void *calloc(size_t nmemb, size_t size);
```

该函数会将分配的内存全部初始化为 0 值。这里的 0 值可能和浮点 0 或空指针常量的表示方式不同。也可以使用 calloc 函数为单个对象分配内存，这里可以将单个对象视为只有一个元素的数组。

在内部，calloc 函数通过将 nmemb 乘以 size 来确定需要分配的字节数。过去有一些 calloc 函数没有验证这两个值的乘积会不会溢出。如今的 calloc 会执行溢出检查，如果乘积不能以 size_t 表示，则返回空指针。

6.2.4 realloc 函数

realloc 函数可以增大或减小已分配的内存大小。该函数接受一个指针和大小作为参数，前者指向先前调用 aligned_alloc、malloc、calloc 或 realloc 时分配的内存（或空指针）。函数原型如下所示。

```
void *realloc(void *ptr, size_t size);
```

可以使用 realloc 函数增大或减小（比较少见）数组的大小。

1. 避免内存泄漏

为了避免在使用 realloc 时引入 bug，应该（从概念上）理解该函数的实现原理。realloc 通常会调用 malloc 分配新的内存空间，然后将原先内存中的内容复制到新内存中，复制的字节数取原先内存大小和新内存大小之间的最小者。要是新分配的内存空间比之前更大，realloc 不会对多出来的部分进行初始化。如果 realloc 重新分配内存成功，它就会调用 free 释放原先的内存。如果失败，则 realloc 会将旧数据保留在原先的地址处，返回空指针。例如，当可用内存无法满足所请求分配的字节数时，对 realloc 的调用就会失败。下列 realloc 调用存在一个错误。

```
size += 50;
if ((p = realloc(p, size)) == NULL) return NULL;
```

本例先将 size 增加了 50，然后调用 realloc 增大 p 所指向的内存空间大小。如果调用 realloc 失败，那么 p 就会被赋值为 NULL，但是 realloc 并不会释放先前由 p 指向的内存，结果导致这部分内存被泄漏了。

代码清单 6-3 演示了 realloc 函数的正确用法。

代码清单 6-3　realloc 函数的正确用法

```
void *p2;
void *p = malloc(100);
//---snip---
if ((nsize == 0) || (p2 = realloc(p, nsize)) == NULL) {
  free(p);
  return NULL;
}
p = p2;
```

这段代码声明了 p 和 p2 两个变量。变量 p 引用 malloc 返回的动态分配内存，p2 未初始化。我们通过调用 realloc 函数，使用指针 p 和 nsize 作为参数，最终重新调整了这块内存的大小。realloc 的返回值被分配给 p2，以避免覆盖保存在 p 中的指针。如果 realloc 返回空指针，则 p 所指向的内存将被释放，函数将返回空指针。如果 realloc 成功，并返回一个指向大小为 nsize 内存空间的指针，就将该指针赋给 p，继续向下执行。

上述代码还测试了 0 字节分配。应该避免将 0 值作为 size 参数传给 realloc 函数，这属于未定义行为（实际上是 C2x 中的未定义行为）。

如果调用 realloc 函数未返回空指针，则保存在 p 中的地址无效，不该再被读取。

```
newp = realloc(p, ...);
```

尤其是不允许进行以下测试。

```
if (newp != p) {
  // 更新指针，指向重新分配的内存
}
```

在调用 realloc 之后，无论 realloc 是否保持内存地址不变，p 先前所指向的内存必须更新为由 newp 所指向的内存。

这个问题的一种解决方案是加入一个额外的间接层，有时称为**句柄**。如果通过间接方式使用重新分配地址时获得的指针，那么当该指针被重新赋值时，用到它的所有地方都会被更新。

2. 使用空指针调用 realloc

使用空指针调用 realloc 等同于调用 malloc。如果 newsize 不等于 0，则下列代码：

```
if (p == NULL)
  newp = malloc(newsize);
else
  newp = realloc(p, newsize);
```

可以被替换为如下内容。

```
newp = realloc(p, newsize);
```

第一个比较长的版本在首次分配内存时调用 malloc，然后根据需要调用 realloc 调整大小。因为使用空指针调用 realloc 等同于调用 malloc，所以第二个精简的版本可以实现同样的效果。

6.2.5　reallocarray 函数

OpenBSD 的 reallocarray 函数可以为数组重新分配内存，同时还提供了数组大小溢出检查，这样就无须你自己动手了。该函数原型如下所示。

```
void *reallocarray(void *ptr, size_t nmemb, size_t size);
```

reallocarray 函数为 size 大小的 nmemb 个元素分配内存，同时在计算 nmemb * size 时检查整数溢出。包括 GNU C 库（libc）在内的其他平台已经采用了这个函数，并且已经提议将其纳入 POSIX 标准的下一个修订版中。reallocarray 函数不会将分配的内存空间清零。

正如前几章所述，整数溢出是一个严重的问题，会导致缓冲区溢出和其他安全漏洞。例如，在以下代码中，表达式 num * size 在作为 size 参数传入 realloc 函数之前可能会溢出。

```
if ((newp = realloc(p, num * size)) == NULL) {
  //---snip---
```

如果要使用两个值的乘积来决定内存分配大小，那么 reallocarray 函数就能派上用场了。

```
if ((newp = reallocarray(p, num, size)) == NULL) {
  //---snip---
```

如果 num * size 溢出，则 reallocarray 函数调用会失败并返回一个空指针。

6.2.6　free 函数

如果动态分配的内存已经用不着了，则应该调用 free 函数将其释放。释放内存非常重要，因为这样才能重新使用内存，降低耗尽所有可用内存的概率，往往也能更有效地使用堆。

只需将指向内存区域的指针传给 free 函数即可释放内存。该函数原型如下所示。

```
void free(void *ptr);
```

ptr 的值必须是先前调用 aligned_alloc、malloc、calloc 或 realloc 时返回的。CERT C 规则 MEM34-C（Only free memory allocated dynamically，只释放动态分配的内存）讨论了在没有使用这些函数的返回值时会发生什么情况。内存是有限资源，因此务必回收。

如果使用空指针参数调用 free，则什么都不会发生，函数只是简单地返回。

```
char *ptr = NULL;
free(ptr);
```

1. 避免二次释放漏洞

如果对相同的指针多次调用 free 函数，则会产生未定义行为。这些缺陷可能导致称为**二次释放漏洞**（double-free vulnerability）的安全问题。一种可能的后果是，攻击者利用易受攻击进程的权限执行任意代码。二次释放漏洞的全部影响超出了本书范畴，但我在《C 和 C++安全编码》中对其展开过详细讨论。二次释放漏洞在错误处理代码中特别常见，因为程序员要释放已分配的资源。

还有一个常见错误是访问已经被释放的内存。这类错误经常无法"确诊"，因为代码可能看起来工作正常，但在实际错误以外的地方以意想不到的方式失败了。在取自真实应用程序的代码清单 6-4 中，close 的参数是无效的，因为先前由 dirp 指向的内存空间已经在第二次调用 free 时被回收了。

代码清单 6-4 访问已被释放的内存

```
#include <dirent.h>
#include <stdlib.h>
#include <unistd.h>

int closedir(DIR *dirp) {
  free(dirp->d_buf);
  free(dirp);
  return close(dirp->d_fd); // dirp 已被释放
}
```

我们将指向已释放内存的指针称为**悬空指针**（dangling pointer）。悬空指针是潜在的错误源，因为它们可用于写入已释放或传给 free 函数的内存，从而导致二次释放漏洞。有关这些主题的更多信息，参见 CERT C 规则 MEM30-C（Do not access freed memory，不要访问已释放的内存）。

2. 将指针设置为空

为了减少涉及悬空指针的缺陷，记得在调用过 free 之后将指针设置为 NULL。

```
char *ptr = malloc(16);
//---snip---
free(ptr);
ptr = NULL;
```

以后任何试图解引用该指针的操作通常都会导致程序崩溃（增加在实现和测试阶段检测到错误的可能性）。如果将指针设置为 NULL，则即便多次释放内存也不会产生任何不良后果。遗憾的是，free 函数本身不能将指针设置为 NULL，因为它接收到的是指针副本，而不是实际的指针。

6.3 内存状态

如图 6-1 所示，动态分配的内存以下列三种状态之一存在：未分配且未初始化、已分配但未初始化和已分配且已初始化。调用 malloc 函数和 free 函数以及对内存的写操作会导致内存从一种状态转换到另一种状态。

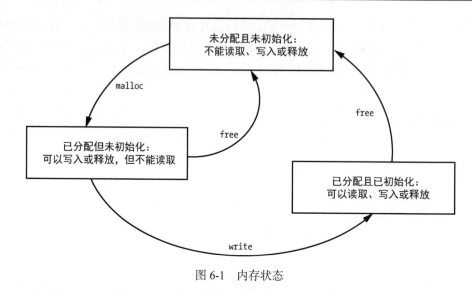

图 6-1   内存状态

不同操作的有效性取决于内存状态。避免对内存执行未显示为有效或明确列为无效的操作。这适用于内存的每字节，因为已经初始化的字节可以被读取，而未初始化的字节一定不要读取。

6.4   柔性数组成员

在 C 语言中，为包含数组的结构分配存储空间一直是比较棘手的事。如果数组元素数量固定，那倒没什么问题，因为很容易就能确定结构大小。然而，开发人员经常需要声明大小不固定的数组，C 语言以前并没有提供简便的实现方法。

柔性数组成员允许声明成员数量固定的结构（其中最后一个成员是大小未知的数组）并为其分配存储空间。从 C99 开始，多个结构成员中的最后一个可以具有**不完整数组类型**（incomplete array type），也就意味着数组大小未知。这使你可以等到运行期再指定数组大小。柔性数组成员允许访问可变长度对象。

例如，代码清单 6-5 中的 widget 就使用了柔性数组成员 data。我们通过调用 malloc 函数为其动态分配内存。

代码清单 6-5   柔性数组成员

```
#include <stdlib.h>

typedef struct {
  size_t num;
❶ int data[];
} widget;
```

```
  void *func(size_t array_size) {
❷ widget *p = (widget *)malloc(sizeof(widget) + sizeof(int) * array_size);
  if (p == NULL) {
    return NULL;
  }

  p->num = array_size;
  for (size_t i = 0; i < p->num; ++i) {
❸   p->data[i] = 17;
  }
}
```

我们先声明了一个结构，其中最后一个成员，即 data 数组❶，具有不完整类型（未指定大小）。接着为整个结构分配内存❷。在使用 sizeof 运算符计算包含柔性数组成员的结构大小时，该柔性数组成员会被忽略。因此，在分配内存时，必须明确加入柔性数组成员的正确大小。为此，可以通过将数组中的元素数量（array_size）乘以每个元素的大小（sizeof(int)）来为数组分配额外的字节。该程序假定 array_size 与 sizeof(int)的乘积不会发生溢出。

可以使用.或->来访问其中的内容❸，就好像该存储区域已经被分配为 data[array_size]。关于如何分配和复制包含柔性数组成员的结构，详见 CERT C 规则 MEM33-C（Allocate and copy structures containing a flexible array member dynamically，动态分配和复制包含柔性数组成员的结构）。

在 C99 之前，一些编译器使用各种语法支持 "struct hack"。CERT C 规则 DCL38-C（Use the correct syntax when declaring a flexible array member，使用正确的语法声明柔性数组成员）提醒使用 C99 和 C 语言版本后续版本指定的语法。

6.5 其他的动态分配内存

除了从堆中分配内存的内存管理函数，C 语言还提供了其他语言特性和库，以支持动态分配内存。这部分内存通常来自调用者的栈帧（C 语言标准并未定义栈，但这是一种常见的实现特性）。**栈**是一种后进先出（Last In, First Out，LIFO）的数据结构，支持运行期的函数嵌套调用。每次调用函数都会创建一个**栈帧**（stack frame），其中存储着该函数的局部变量（自动存储期）以及其他相关数据。

6.5.1 alloca 函数

出于性能原因，部分实现支持的 alloca 函数允许在运行期从栈而不是堆动态分配内存。当调用 alloca 的函数返回时，这部分内存会自动释放。alloca 是一个**内生**（或**内建**）函数，意味着它的实现是由编译器专门处理的。这允许编译器用一系列自动生成的指令代替原始函数调用。

例如，在 x86 架构上，编译器用单个指令代替对 alloca 的调用，以调整栈指针来容纳额外的存储空间。

alloc 函数源自贝尔实验室的 Unix 操作系统早期版本，但未由 C 标准库或 POSIX 定义。代码清单 6-6 展示了一个名为 printerr 的示例函数，在将错误字符串打印到 stderr 之前，该函数使用 alloca 函数为其分配存储空间。

代码清单 6-6 printerr 函数

```
void printerr(errno_t errnum) {
  rsize_t size = strerrorlen_s(errnum) + 1;
  char *msg = (char *)alloca(size);
  if (strerror_s(msg, size, errnum) != 0) {
    fputs(msg, stderr);
  }
  else {
    fputs("unknown error", stderr);
  }
}
```

printerr 函数接受一个类型为 errno_t 的参数 errnum。在函数的第 1 行，调用 strerrorlen_s 函数确定与特定错误编号关联的错误字符串的长度。只要知道了错误字符串的长度，就可以调用 alloca 函数为其分配内存。然后调用 strerror_s 函数检索错误字符串，将结果保存在由 msg 引用的新分配好的存储空间中。如果 strerror_s 函数执行成功，就输出错误消息；否则，输出 unknown error。该 printerr 函数是为了演示 alloca 的用法，实际实现要复杂得多。

使用 alloca 时需要花些心思。首先，对 alloca 的调用可能会使分配超出栈边界。但是，alloca 函数不返回空指针，所以无法检查错误。因此，应避免使用 alloca 进行比较大的或无限制的分配，这一点非常重要。本例中对 strerrorlen_s 的调用应该返回合理的大小。

alloca 函数的另一个问题可能会让程序员感到困惑：必须对 malloc 的调用结果使用 free，但不要对 alloc 调用这么做。对并非 aligned_alloc、calloc、realloc 或 malloc 返回的指针调用 free 会产生严重的错误。编译器也倾向于避免调用 alloca 的内联函数。出于这些原因，不鼓励使用 alloca。

GCC 编译器提供了 -Walloca 标志和 -Walloca-larger-than=size 标志，前者用于诊断对 alloca 函数的调用，后者用于在请求的内存超过 size 时诊断对 alloca 函数的调用。

6.5.2 变长数组

C99 中引入的**变长数组**（Variable Length Array，VLA）是一种可以在运行期使用变量指定大小的数组。数组大小在创建后就不能再修改了。当你在程序运行前不知道有多少数组元素时，VLA 就能发挥作用了。所有的 VLA 声明必须是块作用域或函数原型作用域。接下来将逐一展示。

1. 块作用域

下列函数 func 将大小为 size 的变长数组 vla 声明为了**块作用域**中的自动变量。

```
void func(size_t size) {
  int vla[size];
  //---snip---
}
```

该数组分配在栈帧中，在当前栈帧退出时释放（类似于 alloca 函数）。代码清单 6-7 将代码清单 6-6 中 printerr 函数内的 alloca 调用替换为了 VLA。只需修改一行代码即可（以粗体显示）。

代码清单 6-7 使用 VLA 重写的 print_error 函数

```
void print_error(int errnum) {
  size_t size = strerrorlen_s(errnum) + 1;
  char msg[size];
  if (strerror_s(msg, size, errnum) != 0) {
    fputs(msg, stderr);
  }
  else {
    fputs("unknown error", stderr);
  }
}
```

使用 VLA 代替 alloca 函数的主要优势在于其语法符合程序员对于自动存储期数组如何工作的思维模型，也就是说，无须显式释放内存。

VLA 与 alloca 函数存在一些共有问题，二者在分配内存时都有可能超出栈边界。遗憾的是，并没有可移植的方法能够确定剩余的栈空间大小，从而检测出这种错误。此外，当你提供的数组元素个数乘以每个元素的大小时，乘积可能会溢出。因此，一定要在声明数组之前验证其大小，避免出现过大或错误的内存分配。这在递归调用的函数中尤其重要，因为每次递归都要为函数创建一组全新的自动变量（包括这些数组）。

应该判断在最坏的情况（深度递归的最大分配）下是否有足够的栈空间。在有些实现中，可以向 VLA 传入负数作为大小，所以要确保数组大小能表示为 size_t 或其他无符号类型。更多信息参见 CERT C 规则 ARR32-C（Ensure size arguments for variable-length arrays are in a valid range，确保变长数组的大小参数取值有效）。对于 GCC，可以使用-Wvla-larger-than=size 标志诊断 VLA 的定义是否超出指定大小或其边界没有受到足够的约束。

最后，如果对 VLA 使用 sizeof，则会出现另一个值得注意且有可能出乎意料的行为。编译器通常是在编译期执行 sizeof 操作。然而，如果表达式改变了数组的大小，那么将在运行期间求值，所有副作用也将包括在内。对于 typedef 也是如此，如代码清单 6-8 中的程序所示。

代码清单 6-8　意外的副作用

```
#include <stdio.h>
#include <stdlib.h>

int main(void) {
  size_t size = 12;
  printf("%zu\n", size); // 打印 12
  (void)sizeof(int[size++]);
  printf("%zu\n", size); // 打印 13
  typedef int foo[size++];
  printf("%zu\n", size); // 打印 14
}
```

在这个简单的测试程序中，我们声明了 size_t 类型的变量 size，并将其初始化为 12。然后使用 int[size++] 作为 sizeof 的操作数。因为该表达式修改了数组大小，所以 size 递增后等于 13。类似地，typedef 也会将 size 递增为 14。

2. 函数原型作用域

也可以将 VLA 声明为函数参数。如第 2 章所述，当出现在表达式中时，某个数组会被转换成指向该数组第一个元素的指针。这意味着必须添加明确的参数，用于指定数组大小，例如，memset 函数原型中的参数 n。

```
void *memset(void *s, int c, size_t n);
```

在调用这样的函数时，n 应该准确地表示 s 所引用的数组大小。如果 n 大于数组的实际大小，则会产生未定义行为。

如果要定义的函数接受指定大小的 VLA 作为参数，则必须把数组大小放在 VLA 声明之前。例如，可以修改 memset 函数原型，使其接受 VLA。

```
void *memset_vla(size_t n, char s[n], int c);
```

这里更改了参数顺序，先声明 size_t 类型的变量 n，以便在随后的数组声明中使用。数组参数 s 仍被降级为指针，也因此不会为数组分配存储空间。调用此函数时，你负责声明 s 所引用的数组的实际存储空间，确保 n 的大小有效。

VLA 可以泛化函数，使其更加实用。例如，matrix_sum 函数会对二维数组中的所有值求和。该函数的以下版本接受固定列数的二维数组。

```
int matrix_sum(size_t rows, int m[][4]);
```

在向函数传入多维数组时，数组的初始维度信息缺失了，但仍需要以参数形式出现。在这个例子中，该信息由参数 rows 提供。可以调用此函数对包含 4 列的任意二维数组中的所有值求和，如代码清单 6-9 所示。

代码清单 6-9 对 4 列的二维数组求和

```
int main(void) {
  int m1[5][4];
  int m2[100][4];
  int m3[2][4];
  printf("%d.\n", matrix_sum(5, m1));
  printf("%d.\n", matrix_sum(100, m2));
  printf("%d.\n", matrix_sum(2, m3));
}
```

一切都还不错，直到需要对非 4 列二维数组求和的时候。例如，把 m3 改为 5 列会导致下列警告信息。

```
warning: incompatible pointer types passing 'int [2][5]' to parameter of type 'int (*)[4]'
```

为了处理这种情况，只能再编写一个新函数，使其原型匹配多维数组的新维度。这种应对方法的问题在于不够通用。

可以使用 VLA 重写 matrix_sum 函数来取代上述方法，如代码清单 6-10 所示。这次改动允许使用任意维度的数组调用 matrix_sum。

代码清单 6-10 使用 VLA 作为函数参数

```
int matrix_sum(size_t rows, size_t cols, int m[rows][cols]) {
  int total = 0;

  for (size_t r = 0; r < rows; r++)
    for (size_t c = 0; c < cols; c++)
      total += m[r][c];
  return total;
}
```

同样，函数声明或函数定义都没有分配存储空间。二维数组的存储空间需要单独分配，并且其维度必须与函数参数 rows 和 cols 一致，否则会导致未定义的行为。

6.6   调试存储分配问题

如前所述，错误的内存管理会导致内存泄漏、读写已释放的内存以及二次释放内存等错误。避免这些问题的一种方法是在调用过 free 之后将指针设为 NULL，这一点前面已经讨论过了。另一种方法是尽可能保持动态内存管理的简单化。例如，应该在同一个模块、同一个抽象层次上分配和释放内存，而不是在子程序中释放内存，因为在子程序中释放内存会搞不清楚内存是否已经释放以及在何时何地被释放。

第三种方法是使用**动态分析工具**监测和报告内存错误。这些工具以及调试、测试和分析的一般方法会在第 11 章中讨论。本节将介绍其中的一个工具：dmalloc。

6.6.1   **dmalloc**

Gray Watson 创建的 dmalloc（debug memory allocation，内存分配调试）库使用具有调试功能的例程替换了 malloc、realloc、calloc、free 以及其他内存管理特性，可以在运行期进行配置。该库已经在各种平台上经过了测试。

可以按照 dmalloc 官方网站提供的安装说明来配置、构建和安装 dmalloc 库。代码清单 6-11 展示了如何使 dmalloc 报告存在问题的调用所在的文件和行号。这个小程序会打印出一些用法信息并退出（通常作为较大程序的一部分）。粗体显示的行允许 dmalloc 输出相关的报告。

代码清单 6-11   使用 dmalloc 捕获内存 bug

```
#include <stdio.h>
#include <string.h>
#include <stdlib.h>

#ifdef DMALLOC
#include "dmalloc.h"
#endif

void usage(char *msg) {
  fprintf(stderr, "%s", msg);
  free(msg);
  return;
}

int main(int argc, char *argv[]) {
  if (argc != 3 && argc != 4) {
    /* 错误消息不会超过 80 个字符 */
    char *errmsg = (char *)malloc(80);
    sprintf(
      errmsg,
      "Sorry %s,\nUsage: caesar secret_file keys_file [output_file]\n",
      getenv("USER")
    );
```

```
    usage(errmsg);
    free(errmsg);
    exit(EXIT_FAILURE);
}

//---snip---

exit(EXIT_SUCCESS);
}
```

本章稍后会展示 dmalloc 的输出，在此之前，先讨论一些别的事情。dmalloc 自带了一个命令行实用工具。可以运行下列命令获取这个实用工具的更多信息。

```
% dmalloc --usage
```

在使用 dmalloc 调试程序之前，输入下列命令。

```
% dmalloc -l logfile -i 100 low
```

该命令设置了一个名为 logfile 的日志文件，并使用-i 选项指示库每调用 100 次就执行一次检查。这个数字越大，dmalloc 检查堆的频率就越低，你的代码则会运行得更快；数字越小，越容易找出内存问题。第三个命令行参数启用少量（low）调试功能。其他可选值包括 runtime（最低程度检查）、medium 或 high（更全面的堆检查）。

执行过该命令之后，可以使用 GCC 编译该程序。

```
% gcc -DDMALLOC caesar.c -ocaesar -ldmalloc
```

运行程序，应该会看到下列错误。

```
% ./caesar
Sorry student,
Usage: caesar secret_file keys_file [output_file]
debug-malloc library: dumping program, fatal error
  Error: tried to free previously freed pointer (err 61)
Aborted (core dumped)
```

如果检查日志文件，会发现以下信息。

```
% more logfile
1571549757: 3: Dmalloc version '5.5.2'
1571549757: 3: flags = 0x4e48503, logfile 'logfile'
1571549757: 3: interval = 100, addr = 0, seen # = 0, limit = 0
1571549757: 3: starting time = 1571549757
1571549757: 3: process pid = 29531
```

```
1571549757: 3:   error details: finding address in heap
1571549757: 3:   pointer '0x7ff010812f88' from 'caesar.c:29' prev access 'unknown'
1571549757: 3: ERROR: free: tried to free previously freed pointer (err 61)
```

这些消息表明我们曾两次尝试释放 errmsg 引用的内存空间，先是在 usage 函数中，然后是在 main 函数中，这形成了双重释放漏洞。当然，这只是 dmalloc 能够检测到的错误类型的一个例子，这个简单的示例程序中还存在其他缺陷。第 11 章将讨论其他动态分析工具，并会给出如何使用它们的进一步建议。

6.6.2　安全关键型系统

具有高安全性要求的系统通常禁止使用动态内存，因为内存管理器可能存在严重影响性能的不可预测行为。强制所有应用程序都驻留在一个预先分配好的固定内存区域中可以消除许多这类问题，简化内存使用验证。在没有递归、alloca 和 VLA（在安全关键型系统中也会被禁止）的情况下，可以静态地推算出栈内存的使用上限，从而证明有足够的存储空间为应用程序所有可能的输入执行相应的功能。

GCC 还提供了 -Wvla 标志和 -Wvla-larger-than=$byte\text{-}size$ 标志，前者用于警告是否使用了 VLA，后者用于对未限制数组大小或限制数组大小的参数超出了 $byte\text{-}size$ 的 VLA 声明发出警告。

6.7　练习

尝试自己完成下列编码练习。

(1) 修复代码清单 6-4 中的释放后使用（use-after-free）缺陷。

(2) 使用 dmalloc 对代码清单 6-11 中的程序进行额外测试。尝试各种输入，找出存在的其他内存管理缺陷。

6.8　小结

在本章中，你学习了如何处理具有分配存储期的内存，及其与自动或静态存储期对象之间的差异。我们讲解了堆和内存管理器以及各个标准内存管理函数，指出了在使用动态内存时一些常见的错误原因，比如泄漏、二次释放，另外还包括一些有助于避免这些问题的缓解措施。

本章还描述了一些更具体的内存分配主题，比如柔性数组成员、alloca 函数和变长数组。最后，本章讨论了使用 dmalloc 库调试存储分配问题。

第 7 章将介绍字符和字符串。

第 7 章

字符和字符串

字符串是一种重要且实用的数据类型，大多数编程语言会以某种形式加以实现。字符串通常用于表示文本，它构成了最终用户和程序之间交换的大部分数据，包括文本输入字段、命令行参数、环境变量和控制台输入。

在 C 语言中，字符串数据类型以串的形式化概念为模型（Hopcroft，1979）。

  设 Σ 为字符的非空有穷集合，称为字母表（alphabet）。Σ 上的串是 Σ 中的任意有穷字符序列。如果 Σ={0,1}，那么 01011 就是 Σ 上的串。

本章将讨论可用于组成字符串（形式化定义中的**字母表**）的各种字符集（包括 ASCII 和 Unicode），介绍如何使用 C 标准库中的遗留函数、边界检查接口以及 POSIX 和 Windows API 来表示字符串和操作字符串。

7.1 字符

人们用来交流的字符不能被数字系统自然地理解，因为后者的操作对象是二进制位。为了处理字符，数字系统通过**字符编码**为每个字符分配唯一整数值，这个值称为**码点**（code point）。如你所见，对于程序中的同一个概念字符，存在多种编码方式。C 语言实现使用的字符编码常见标准包括 Unicode、ASCII、Extended ASCII、ISO 8859-1、Shift-JIS 和 EBCDIC。[1]

---

① C 语言标准明确引用了 Unicode 和 ASCII。

7.1.1　ASCII

用于信息交换的 7 位美国标准代码，也称为 **7 位 ASCII**（American Standard Code for Information Interchange），指定了 128 个字符及其代码表示（ANSI X3.4-1986）。从 0x00 到 0x1f 的字符是控制字符，比如空字符、退格和水平制表符。从 0x20 到 0x7e 的字符是可打印字符，比如字母、数字和符号。

我们经常使用新名称 US-ASCII 来引用该标准，借以说明这个系统是在美国开发的，专注于主要在该国使用的印刷符号。大多数现代字符编码方案均基于 US-ASCII，尽管除此之外还支持很多附加字符。

范围在 0x80-0xFF 的字符不是由 US-ASCII 定义的，属于 8 位字符编码 Extended ASCII 的一部分。对于该范围内的字符，存在很多编码，实际的映射取决于代码页。**代码页**是一种字符编码，可以将一组可打印字符和控制字符映射为唯一的数字。

7.1.2　Unicode

Unicode 已经成为计算机处理中表示文本的通用字符编码标准，它支持的字符范围要比 ASCII 广泛得多。当前的 Unicode 标准（Unicode 2020）会对 U+0000~U+10FFFF 的字符进行编码，这相当于 21 位的代码空间。单个 Unicode 值的书写形式为 U+后跟 4 个或更多十六进制数字。范围在 U+0000~U+007F 的 Unicode 字符与 US-ASCII 中的字符相同，范围在 U+0000~U+00FF 的 Unicode 字符与 ISO 8859-1（Latin-1）相同，由美洲、西欧、大洋洲和非洲大部分地区使用的拉丁文中的字符组成。

Unicode 将代码点组织成若干个连续**平面**，每个平面中包含 65 536 个代码点。这样的平面共计 17 个，编号从 0 到 16。最常用的字符，包括在较旧的主要编码标准中的那些，都被放在了第一个平面（0x0000~0xFFFF）内，该平面称为**基本多语言平面**（Basic Multilingual Plane，BMP）或平面 0。

Unicode 还指定了几种 Unicode 变换格式（Unicode Transformation Format，UTF）。作为字符编码格式，UTF 将每个 Unicode 标量值（Unicode scalar value）分配给唯一的代码单元序列。**Unicode 标量值**是除高代理（high-surrogate）代码点和低代理（low-surrogate）代码点之外的任意 Unicode 代码点。**代码单元**是可以表示用于处理或交换的编码文本的最小位组合。Unicode 标准定义了 3 种 UTF，各自使用不同大小的代码单元。

❑ **UTF-8**　使用 1~4 个 8 位代码单元表示每个字符。

❑ **UTF-16**　使用 1 或 2 个 16 位代码单元表示每个字符。

❑ **UTF-32** 使用 1 个 32 位代码单元表示每个字符。

UTF-8 是 POSIX 操作系统采用的主流编码，其设计具有以下理想特性。

❑ 是以单字节编码的范围在 0x00~0x7F 的 US-ASCII 字符（U+0000~U+007F）。这意味着包含 7 位 ASCII 字符的文件和字符串的编码形式在 ASCII 和 UTF-8 下是一样的。
❑ 使用空字节结束字符串（稍后会讨论这个主题）的方式与 ASCII 字符串一样。
❑ 当前已定义的所有 Unicode 代码点都可以使用 1~4 字节进行编码。
❑ 可以通过在任意方向扫描明确定义的位模式来轻松识别字符边界。

在 Windows 中编译和链接程序时，可以使用 Viusal C++的/utf8 标志将源字符集和执行字符集设置为 UTF-8。除非未来有变，否则还需要将 Windows 配置为使用 Unicode UTF-8 来支持全球语言。

UTF-16 目前是 Windows 操作系统的主流编码。和 UTF-8 一样，UTF-16 也是一种可变长度编码。正如刚才提到的，BMP 包含范围为 U+0000~U+FFFF 的字符。码点大于 U+FFFF 的字符称为**增补字符**。补充字符由称为**代理**的一对代码单元定义。第一个代码单元来自高代理区（U+D800~U+DBFF），第二个代码单元来自低代理区（U+DC00~U+DFFF）。

UTF-32 是一种固定长度编码，不同于另外两种采用可变长度编码的 Unicode 变换格式。UTF-32 的主要优势在于码点能够被直接索引，这意味着可以在码点序列中以常数时间 $O(1)$ 找出第 n 个码点。相比之下，可变长度编码需要依次访问每个码点才能找到序列中第 n 个码点。

7.1.3 源字符集和执行字符集

当初在标准化 C 语言的时候，尚没有普遍接受的字符编码，因此语言被设计为能够处理多种字符表示。不像 Java 那样需要指定字符编码，每种 C 语言实现都会定义**源字符集**和**执行字符集**，前者用于源代码书写，后者用于在编译期解释字符和字符串。

源字符集和执行字符集必须包含以下字符的编码：拉丁字母表的大小写字母、10 个十进制数字、29 个图形字符、空格、水平制表符、垂直制表符、馈页符和换行符。执行字符集还包括响铃字符、退格、回车和空字符。

字符转换和归类函数（比如 isdigit）在运行期根据函数调用时由区域设置决定的有效编码进行求值。**区域设置**定义了民族、文化和语言的当地惯例。

7.1.4　数据类型

C 语言定义了多种用于表示字符数据的数据类型，前面已经讲过其中一部分。特别是，C 语言分别提供了表示**窄字符**（能以 8 位表示的那些字符）的普通的 char 类型，以及表示**宽字符**（需要更多位表示的那些字符）的 wchar_t 类型。

1. char

我们知道，char 是整数类型，但是究竟是有符号整数还是无符号整数是由实现定义的。这意味着在可移植代码中，不能做出任何假设。

可以对字符数据（符号没有意义）使用 char 类型，但不要对整数数据（符号至关重要）这么做。char 类型能安全地用于表示 7 位字符编码，比如 US-ASCII。对于这类编码，最高位始终为 0，所以当 char 类型的值被转换为 int 并被实现定义为有符号类型时，无须担心符号扩展。

char 类型也可用于表示 8 位字符编码，比如 Extended ASCII、ISO/IEC 8859、EBCDIC 和 UTF-8。这些 8 位字符编码在碰到将 char 定义为 8 位有符号类型的实现时会出问题。例如，下列代码会在检测到 EOF 时打印字符串 end of file。

```
char c = 'ÿ';  // 扩展字符
if (c == EOF) puts("end of file");
```

假设由实现定义的执行字符集是 ISO/IEC 8859-1，带有分音符的拉丁小写字母 y（ÿ）表示为 255（0xFF）。对于将 char 定义为有符号类型的实现，c 会被扩展到 signed int 的宽度（通过符号扩展），这就使得字符 ÿ 和 EOF 无法区分，因为二者的表示形式现在一模一样。

在使用<ctype.h>中定义的字符归类函数时也存在类似的问题。这些库函数接受一个字符作为参数（int 类型或宏 EOF），如果参数值属于该函数描述所定义的字符类别，就返回 true。例如，isdigit 函数会测试字符是否为当前区域设置中的十进制数字字符。任何非有效字符或 EOF 的参数值都将导致未定义行为。

为了避免调用这些函数时出现未定义行为，应在整数提升前将 c 转换为 unsigned char，如下所示。

```
char c = 'ÿ';
if (isdigit((unsigned char)c)) {
  puts("c is a digit");
}
```

c 的值被扩展为 signed int 的宽度（通过 0 扩展），消除了未定义行为，因为结果值仍能被

unsigned char 表示。

2. int

对于可能是 EOF（一个负值）或被解释为 unsigned char 然后转换为 int 的字符数据，使用 int 类型。这种类型由从流中读取字符数据的函数（比如 fgetc、getc、getchar 和 ungetc）返回。正如我们所见，<ctype.h>中的字符处理函数也接受该类型，因为 fgetc 或相关函数的结果很可能会被作为参数传入。

3. wchar_t

wchar_t 类型是 C 语言新添加的整数类型，用于处理更大的字符集。依赖于实现，wchar_t 可以是有符号或无符号整数类型，具有实现定义的包含范围 WCHAR_MIN~WCHAR_MAX。大多数实现将 wchar_t 定义为 16 位或 32 位无符号整数类型，但是不支持本地化的实现可能会将 wchar_t 定义为与 char 具有相同的宽度。C 语言不允许对宽字符串的可变长度编码（尽管 Windows 实际上使用了 UTF-16）。实现可以有条件地将宏 __STDC_ISO_10646__ 定义为形如 *yyyymmL* 的整数常量（比如 199712L），指明用于表示与特定标准对应的 Unicode 字符的 wchar_t 类型。如果实现选择将 wchar_t 定义为 16 位类型，则无法满足为比 Unicode 3.1（ISO/IEC 10646-1:2000 和 ISO/IEC 10646-2:2001）更新的 ISO/IEC 10646 版本定义 __STDC_ISO_10646__ 的要求。因此，定义 __STDC_ISO_10646__ 的要求要么是大于 20 位的 wchar_t，要么是 16 位的 wchar_t 和取值早于 200103L 的 __STDC_ISO_10646__。wchar_t 类型也可用于 Unicode 以外的编码，比如宽 EBCDIC。

由于实现定义的行为范围，使用 wchar_t 编写可移植代码会很困难。例如，Windows 使用 16 位无符号整数类型，而 Linux 通常使用 32 位无符号整数类型。计算宽字符串的长度和大小的代码容易出错，务必小心对待。

4. char16-t 和 char32_t

较新的语言（包括 Ada95、Java、TCL、Perl、Python 和 C#）都提供了用于 Unicode 字符的数据类型。C11 引入了 16 位和 32 位字符数据类型 char16_t 和 char32_t（在<uchar.h>中声明），分别为 UTF-16 编码和 UTF-32 编码提供数据类型。除了一组字符转换函数，C11 不包括新数据类型的库函数，允许库开发人员自行实现。如果没有库函数，则这些类型的用处非常有限。

C 语言定义了两个环境宏，指明如何对这些类型表示的字符进行编码。如果环境宏 __STDC_UTF_16__ 的值为 1，那么 char16_t 类型的值就采用 UTF-16 编码。如果环境宏 __STDC_UTF_32__ 的值为 1，那么 char32_t 类型的值就采用 UTF-32 编码。如果宏未定义，则使用由实现定义的编码。Visual C++就没有定义这两个宏。

7.1.5　字符常量

C 语言允许指定**字符常量**，也称为**字符字面量**，这是出现在一对单引号内的若干字符序列，比如'ÿ'。可以在程序源代码中使用字符常量指定字符值。表 7-1 显示了能够在 C 语言源代码中指定的各种字符常量。

表 7-1　字符常量类型

前　　缀	类　　型
None	int
L'a'	对应于 wchar_t 的无符号类型
u'a'	char16_t
U'a'	char32_t

表 7-1 中最奇怪的地方是，对于无前缀字符常量，比如'a'，其类型为 int，而非 char 类型。在 C 语言中，由于历史原因，如果字符常量只包含单个字符或转义序列，则字符常量的值被表示为将 char 类型转换为 int 类型的对象。这一点和 C++不同，在 C++中，只包含单个字符的字符常量为 char 类型。

包含多个字符的字符常量（比如'ab'）的值由实现定义。在执行字符集中不能表示为单个代码单元的源字符的值也是如此。先前的'ÿ'便是这样。如果执行字符集是 UTF-8，则值为 0xC3BF，因为这就是 UTF-8 编码表示代码点 U+00FF 所需的两个代码单元。C2x 为字符常量提供了 u8 前缀。在 C2x 发布之前，并无 UTF-8 字符的字符常量前缀可用，除非实现自行决定提前实现。

7.1.6　转义序列

单引号（'）和反斜线（\）具有特殊含义，无法直接表示自身。要想表示单引号，可以使用转义序列\'；要想表示反斜线，可以使用\\。可以使用表 7-2 所示的转义序列表示其他字符 [比如问号（?）] 和任意整数值。

表 7-2　转义序列

字　　符	转义序列
单引号	\'
双引号	\"
问号	\?
反斜线	\\
响铃符	\a

（续）

字　　符	转义序列
退格符	\b
馈页符	\f
换行符	\n
回车符	\r
水平制表符	\t
垂直制表符	\v
八进制字符	\ 最多 3 个八进制数字[①]
十六进制字符	\x 十六进制数字[②]

下列非图形字符由反斜线和后继小写字母组成的转义序列表示：\a（响铃符）、\b（退格符）、\f（馈页符）、\n（换行符）、\r（回车符）、\t（水平制表符）和\v（垂直制表符）。

八进制数字可以被纳入八进制转义序列，为字符常量构建单个字符，或为宽字符常量构建单个宽字符。八进制整数值指定了所需字符或宽字符的值。**反斜线后跟数字始终被解释为八进制值。**例如，可以将退格符（十进制 8）表示为八进制值\10 或\010。

也可以将十六进制数字放在\x 之后，为字符常量构建单个字符或宽字符。十六进制整数值就是所需的字符或宽字符的值。例如，可以将退格符表示为十六进制值\x8 或\x08。

7.1.7 Linux

字符编码在各种操作系统中的发展不尽相同。在 UTF-8 出现之前，Linux 通常依赖于各种特定语言的 ASCII 扩展，其中最流行的是欧洲的 ISO 8859-1 和 ISO 8859-2、希腊的 ISO 8859-7、俄罗斯的 KOI-8/ISO 8859-5/CP1251，以及日本的 EUC 和 Shift-JIS。Linux 发行商和应用程序开发人员正在逐步淘汰这些陈旧的遗留编码，转而使用 UTF-8 来表示本地化文本字符串（Kuhn，1999）。

GCC 提供了多个标志，可用于配置字符集。以下几个标志也许能派上用场。

```
-fexec-charset=charset
```

-fexec-charset 标志设置了用于解释字符串和字符常量的执行字符集。默认值为 UTF-8。*charset* 可以是系统的 iconv 库例程（本章随后介绍）支持的任意编码。例如，设置-fexec-charset=IBM1047，指示 GCC 根据 EBCDIC 代码页 1047 解释源代码中硬编码的字符串常量，比如 printf

---

[①] 例如，\33 或\033。与八进制常量不同，转义序列中的八进制数不一定要以 0 开头。——译者注
[②] 例如，\x1b 或\x1B。字符 x 必须小写，但是十六进制数字（比如 b）不限大小写。——译者注

的格式化字符串。

要选择用于宽字符串和字符常量的宽执行字符集，可以使用-fwide-exec-charset 标志。

```
-fwide-exec-charset=charset
```

默认值为 UTF-32 或 UTF-16，分别对应于 wchar_t 的宽度。

要设置输入字符集，用于将输入文件的字符集转换为 GCC 使用的源字符集，可以使用-finput-charset 标志。

```
-finput-charset=charset
```

Clang 提供了-fexec-charset 和-finput-charset，但缺少-fwide-exec-charset。Clang 只允许将 *charset* 设置为 UTF-8，拒绝其他设置。

7.1.8   Windows

Windows 中对字符编码的支持的发展并不规律。为 Windows 开发的程序在处理字符编码时，既可以使用 Unicode 接口，也可以隐式依赖于区域设置的字符编码接口。对于大多数现代应用程序，应该默认选择 Unicode 接口，以确保应用程序在处理文本时如期运行。通常，这种代码会有更好的性能表现，因为传给 Windows 库函数的窄字符串往往会被转换为 Unicode 字符串。

1. main 入口点和 wmain 入口点

Visual C++支持两种程序入口点：main 和 wmain，前者允许传入窄字符参数，后者允许传入宽字符参数。可以使用类似于 main 的格式声明 wmain 的形参，如表 7-3 所示。

表 7-3   Windows 程序入口点声明

窄字符参数	宽字符参数
`int main(void);`	`int wmain(void);`
`int main(int argc, char *argv[]);`	`int wmain(int argc, wchar_t *argv[]);`
`int main(int argc, char *argv[], char *envp[]);`	`int wmain(int argc, wchar_t *argv[], wchar_t *envp[]);`

无论是哪种入口点，字符编码最终取决于调用进程。然而，依照惯例，main 函数通常会接收以指针为形式的可选参数和环境，指向使用当前 Windows（也称为 ANSI）代码页编码的文本，而 wmain 函数通常会接收 UTF-16 编码的文本。

如果通过 shell（比如命令行提示符）运行程序，那么 shell 的命令行解释器会将参数转换为适用于入口点的编码。Windows 进程以 UTF-16 编码的命令行启动。编译器/链接器生成的启动代码会调用 CommandLineToArgvW 函数将命令行转换为 main 调用所需的 argv 形式，或是将命令行参数直接作为 wmain 调用所需的 argv 形式传入。在 main 调用中，结果再被转码为当前 Windows 代码页（依具体系统而定）。在当前 Windows 代码页中缺少相应表示形式的字符会被替换为 ASCII 字符?。

在向控制台写入数据时，Windows 控制台会使用原始设备制造商（Original Equipment Manufacturer，OEM）代码页。实际的编码依具体系统而定，但通常和 Windows 代码页不同。例如，在英文版（US）Windows 中，Windows 代码页可能是 Windows Latin 1，而 OEM 代码页可能是 DOS Latin US。一般而言，写入 stdout 或 stderr 的文本数据需要先被转换为 OEM 代码页，或是设置控制台的输出代码页，使其匹配写入文本的编码。如果不这么做，则控制台中有可能会出现意想不到的输出内容。然而，即便小心翼翼地使程序和控制台的字符编码保持一致，仍有可能因为其他原因，导致控制台无法显示字符，比如控制台当前选用的字体没有相应的字形来绘制字符。除此之外，由于历史原因，Windows 控制台无法显示 Unicode BMP 之外的字符，因为它只用了 16 位值存储字符数据。

2. 窄字符与宽字符

Win32 SDK 的所有系统 API 都存在两个版本：以 A 为后缀的窄 Windows（ANSI）版本和以 W 为后缀的宽字符版本。

```
int SomeFuncA(LPSTR SomeString);
int SomeFuncW(LPWSTR SomeString);
```

应该先决定应用程序是使用宽字符（UTF-16）还是窄字符，然后再开始写代码。最好的做法是明确调用函数的窄版本或宽版本，传入相应类型的字符串。

```
SomeFuncW(L"String");
SomeFuncA("String");
```

出自 Win32 SDK 的函数实例包括 MessageBoxA/MessageBoxW 和 CreateWindowExA/CreateWindowExW。

7.1.9 字符转换

尽管国际文本越来越多地以 Unicode 编码，但依赖于语言或国家的字符编码依然存在，因此有必要在这些编码之间进行转换。特别是，Windows 仍然在具有传统、有限字符编码（比如 IBM EBCDIC 和 ISO 8859-1）的区域设置中运行。程序在执行 I/O 时，经常需要在 Unicode 和传统编码方案之间进行转换。

并不是所有的字符串都能转换为各种依赖于语言或国家的字符编码。当编码是 US-ASCII 时，这一点是显而易见的，因为 US-ASCII 无法表示任何需要超过 7 位存储的字符。Latin-1 不可能正确编码字符"晥"，很多非日语字母和单词无法在不丢失信息的情况下转换为 Shift-JIS。

接下来的内容描述了各种字符编码转换方法。

1. C 标准库

C 标准库提供了一些可用于在窄代码单元（char）和宽代码单元（wchar_t）之间转换的函数。mbtowc（multibyte to wide character，多字节到宽字符）函数、wctomb（wide character to multibyte，宽字符到多字节）函数、mbrtowc（multibyte restartable to wide character，可重启的多字节到宽字符）函数和 wcrtomb（wide character restartable to multibyte，可重启的宽字符到多字节）函数一次转换一个代码单元，将结果写入输出对象或缓冲区。[1]mbstowcs（multibyte string to wide character string，多字节字符串到宽字符字符串）函数、wcstombs（wide character string to multibyte string，宽字符字符串到多字节字符串）函数、mbsrtowcs（multibyte string restartable to wide character string，可重启的多字节字符串到宽字符字符串）函数和 wcsrtombs（wide character string restartable to multibyte string，可重启的宽字符字符串到多字节字符串）函数一次转换多个代码单元，将结果写入输出缓冲区。

转换函数需要存储数据以正确处理函数调用之间的一系列转换。**不可重启**版本在内部存储状态。**可重启**版本有一个附加参数，是指向 mbstate_t 类型对象的指针，描述了相关多字节字符序列的当前转换状态。该对象保存着状态数据，可以在调用该函数执行其他不相关的转换后继续先前的转换。**字符串**版本[2]用于一次执行多个代码单元的批量转换。

这些函数有一些限制。正如前面所讨论的，Windows 使用 16 位代码单元的 wchar_t。这会造成问题，因为 C 标准要求 wchar_t 类型的对象能够表示当前区域设置的任意字符，而 16 位代码单元不足以做到这一点。从技术上讲，C 语言不允许使用多个 wchar_t 类型的对象来表示单个字符。因此，标准转换函数可能会导致数据丢失。另外，大多数 POSIX 实现使用 32 位代码单元的 wchar_t，允许使用 UTF-32。因为单个 UTF-32 代码单元可以表示整个码点，所以使用标准函数转换不会丢失或截断数据。

C 语言标准委员会向 C11 加入了下列函数以解决标准转换函数可能造成的数据丢失。

❑ **mbrtoc16 和 c16rtomb**　在窄代码单元序列和一个或多个 char16_t 代码单元之间转换。

---

[1] 关于宽字符和多字节字符之间的区别，详见 Beej's Guide to C Programming 的第 27 章 Unicode, Wide Characters, and All That。——译者注

[2] 即 mbstowcs、wcstombs、mbsrtowcs 和 wcsrtombs。——译者注

❑ **mbrtoc32 和 c32rtomb** 在窄代码单元序列和一个或多个 char32_t 代码单元之间转换。

前两个函数在依赖于区域设置的字符编码（表示为 char 数组）和存储在 char16_t 数组中的 UTF-16 数据之间进行转换（假设 __STDC_UTF_16__ 的值为 1）。后两个函数在依赖于区域设置的编码和存储在 char32_t 数组中的 UTF-32 数据之间进行转换（假设 __STDC_UTF_32__ 的值为 1）。代码清单 7-1 所示的程序使用 mbrtoc16 函数将 UTF-8 编码的输入字符串转换为了 UTF-16 编码的字符串。

代码清单 7-1 使用 mbrtoc16 函数将 UTF-8 字符串转换为 char16_t 字符串

```
#include <locale.h>
#include <uchar.h>
#include <stdio.h>
#include <stdlib.h>
#include <wchar.h>

#if __STDC_UTF_16__ != 1      ❶
#error "__STDC_UTF_16__ not defined"
#endif

int main(void) {
  setlocale(LC_ALL, "en_US.utf8");      ❷
  char input[] = u8"I ♥ 🐕s!";
  const size_t input_size = sizeof(input);
  char16_t output[input_size]; // UTF-16 比 UTF-8 需要更少的代码单元
  char *p_input = input;
  char *p_end = input + input_size;
  char16_t *p_output = output;
  size_t code;
  mbstate_t state = {0};
  puts(input);
  while ((code = mbrtoc16(p_output, p_input, p_end-p_input, &state))){      ❸
    if (code == (size_t)-1)
      break; // -1 —— 检测到无效的代码单元序列
    else if (code == (size_t)-2)
      break; // -2 —— 代码单元序列不完整
    else if (code == (size_t)-3)
      p_output++; // -3 —— 代理对偶 (surrogate pair) 中的高代理
    else {
      p_output++; // 已经写出一个值
      p_input += code; // code 是函数读取的代码单元
    }
  }
  size_t output_size = p_output - output + 1;
  printf("Converted to %zu UTF-16 code units: [ ", output_size);
  for(size_t x = 0; x < output_size; ++x) printf("%#x ", output[x]);
  puts("]");
}
```

调用 setlocale 函数❷，传入一个由实现定义的字符串，将多字节字符编码设置为 UTF-8。预处理指令❶确保宏 __STDC_UTF_16__ 的值为 1。（预处理指令的更多信息参见第 9 章。）因此，每次调用 mbrtoc16 函数，都会将单个码点从 UTF-8 表示形式转换为 UTF-16 表示形式。如果产生的 UTF-16 代码单元是高代理（来自代理对偶），则更新 state 对象，表明下一次调用 mbrtoc16 将写入低代理，不考虑输入字符串。

mbrtoc16 函数没有字符串版本，所以要调用该函数来遍历 UTF-8 输入字符串❸，将其转换为 UTF-16 字符串。如果出现编码错误，那么 mbrtoc16 函数就返回(size_t)-1；如果代码单元序列缺少元素，就返回(size_t)-2。如果出现任何一种情况，则循环终止，转换结束。

返回值(size_t)-3 表示函数输出了代理对偶中的高代理，然后将指示符存储在状态参数中。下一次调用 mbrtoc16 函数时会用到该指示符，以便从代理对偶中输出低代理，形成表示单个代码点的 char16_t 完整序列。C 语言标准中所有带状态参数的可重启的编码转换函数都有类似的行为。

如果函数返回(size_t)-1、(size_t)-2 或(size_t)-3 之外的任何值，则递增 p_output 指针，将 p_input 指针的值加上该函数读取的代码单元数，然后继续进行字符串转换。

2. libiconv

GNU libiconv 是一个执行字符串编码转换的常用跨平台开源库，其中包括 iconv_open 函数，该函数会分配一个转换描述符，用于将字节序列从一种字符编码转换为另一种字符编码。该函数的文档中定义了诸如 ASCII、ISO-8859-1、SHIFT_JIS 或 UTF-8 等标识特定字符集的字符串，可以表示与区域设置相关的字符编码。

3. Win32 转换 API

Win32 SDK 提供了两个在宽字符字符串和窄字符字符串之间转换的函数。

❑ **MultiByteToWideChar**　将字符串映射为新的 UTF-16（宽字符）字符串。
❑ **WideCharToMultiByte**　将 UTF-16（宽字符）字符串映射为新的字符串。

MultiByteToWideChar 函数可以将以任意字符代码页编码的字符串数据映射为 UTF-16 字符串。类似地，函数 WideCharToMultiByte 可以将以 UTF-16 编码的字符串数据映射到任意的字符代码页。因为并不是所有的代码页都能表示 UTF-16 数据，所以该函数可以指定一个默认字符来代替不能被转换的 UTF-16 字符。

7.2　字符串

C语言不支持原始字符串类型，而且可能永远也不会支持。但是，C语言会将字符串实现为字符数组。C语言有两种字符串：窄字符串和宽字符串。

窄字符串是 char 类型的数组，由包含终止空字符（terminating null character）的连续字符序列组成。字符串指针指向字符串的首个字符。字符串的大小是其支撑数组（backing array）所占的字节数。字符串的长度是第一个空字符之前的代码单元数（字节数）[1]。在图 7-1 中，字符串的大小为 7，长度为 5。支撑数组最后一个元素之外的元素不能访问。未初始化的数组元素不能读取。

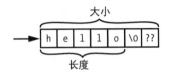

图 7-1　窄字符串示例

宽字符串是 wchar_t 类型的数组，由包含终止空宽字符[2]的连续宽字符序列组成。宽字符串**指针**指向宽字符串的首个宽字符。宽字符串的**长度**是第一个终止空宽字符之前的代码单元数。图 7-2 演示了 hello 的 UTF-16BE（大端）和 UTF-16LE（小端）的表示形式。支撑数组的大小由实现定义。该数组为 14 字节，假设该实现具有 8 位的字节和 16 位的 wchar_t 类型。这个字符串的长度为 5，因为字符数量没有变化。支撑数组最后一个元素之外的元素不能访问。未初始化的数组元素不能读取。

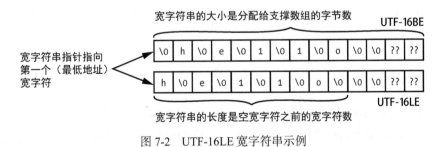

图 7-2　UTF-16LE 宽字符串示例

字符串字面量

字符串字面量是由双引号中的一个或多个多字节字符表示的字符串常量，例如"ABC"。可以使用各种前缀来声明不同字符类型的字符串字面量。

---

[1] 别忘了，窄字符的代码单元就是 1 字节。——译者注
[2] 空宽字符是值为 0 的宽字符。——译者注

- ❏ char 字符串字面量，比如"ABC"。
- ❏ 以 L 为前缀的 wchar_t 字符串字面量，比如 L"ABC"。
- ❏ 以 u8 为前缀的 UTF-8 字符串字面量，比如 u8"ABC"。
- ❏ 以 u 为前缀的 char16_t 字符串字面量，比如 u"ABC"。
- ❏ 以 U 为前缀的 char32_t 字符串字面量，比如 U"ABC"。

C 语言标准并没有强制要求实现对字符串字面量使用 ASCII。不过，可以使用 u8 前缀强制字符串字面量使用 UTF-8 编码,如果字面量中所有的字符都是 ASCII 字符,则编译器会生成 ASCII 字符串字面量，即便实现通常是以其他编码方式对字符串进行编码（例如，EBCDIC）。

字符串字面量为非 const 数组类型。修改字符串字面量属于未定义行为，CERT C 规则 STR30-C（Do not attempt to modify string literals，不要试图修改字符串字面量）禁止这种做法。原因在于字符串字面量可能存储在只读内存区域中，或是多个字符串字面量可能共享内存，如果修改其中一个字符串，则会导致多个字符串被改动。

字符串字面量常用于初始化数组变量,你可以在声明数组时明确指定数组大小,匹配字符串字面量中的字符数。考虑下列声明：

```
#define S_INIT "abc"
// ---snip---
const char s[4] = S_INIT;
```

数组 s 的大小为 4，这是将数组初始化为字符串字面量所需的确切大小，包括结尾的空字节。

如果向用于初始化数组的字符串字面量中再添加一个字符，则代码的含义会发生重大变化。

```
#define S_INIT "abcd"
// ---snip---
const char s[4] = S_INIT;
```

数组 s 的大小依然为 4，而字符串字面量的大小则为 5。因此，数组 s 被初始化为字符数组 "abcd"，同时忽略结尾的空字节。这种语法设计是为了初始化字符数组，而不是字符串。因此，编译器不太可能将该声明诊断为错误。当这样的数组被作为参数传给字符串函数时，GCC 会发出警告。

如果字符串字面量在维护过程中发生变化，则存在一定的风险，字符串可能会无意中被更改为没有终止空字符的字符数组，特别是当字符串字面量与声明分开定义时，正如本例所展示的那样。如果你的目的是始终将 s 初始化为字符串，那么就应该省略数组大小。如果不指定数组大小，则编译器会为整个字符串字面量分配足够的空间，包括终止空字符在内。

```
const char s[] = S_INIT;
```

这种方法简化了维护，因为数组大小始终都能确定，即便字符串字面量发生了变化。

使用该语法声明的数组的大小可以使用 sizeof 运算符在编译期间确定。

```
size_t size = sizeof s;
```

如果使用下列方式声明这个字符串：

```
const char *foo = S_INIT;
```

则需要调用 strlen 函数获取长度。

```
size_t size = strlen(foo) + 1U;
```

这可能会带来运行期开销。

7.3 字符串处理函数

在 C 语言中，管理字符串的方法不止一种。第一种方法是使用 C 标准库函数。窄字符串处理函数和宽字符串处理函数分别定义在头文件<string.h>和<wchar.h>中。这类遗留的字符串处理函数与近几年来的各种安全漏洞脱不了干系。这是因为它们不检查数组大小（往往缺少执行这种检查的信息），认为你会提供足够大小的字符数组来容纳输出。尽管依然能够使用这些函数写出安全、健壮且无错误的代码，但该库所提倡的编程风格会在指定数组不足以容纳结果的时候导致缓冲区溢出。这些函数并非天生就不安全，但是容易被误用，因此使用时需要谨慎（或者干脆不用）。

因此，C11 引入了规范性（但可选）的附录 K：Bounds-checking interfaces（边界检查接口）。该附录提供了备选库函数，旨在通过要求提供输出缓冲区的长度以及验证缓冲区的大小是否足以容纳这些函数的输出，来促进更安全、更可靠的编程。例如，附录 K 定义了 strcpy_s 函数、strcat_s 函数、strncpy_s 函数和 strncat_s 函数作为 C 标准库的 strcpy 函数、strcat 函数、strncpy 函数和 strncat 函数的近似替代。

POSIX 也定义了一些字符串处理函数（比如 strdup 和 strndup），这些函数提供了另一组可用于 Linux 和 Unix 等 POSIX 兼容平台（IEEE Std 1003.1:2018）的字符串 API。

Visual C++提供了 C 标准库所定义的所有字符串处理函数（截至 C99），但并没有实现完整的 POSIX 规范。Visual C++采用前导下划线（leading underscore）来命名许多运行期库函数，比如

_strdup，而非 strdup。Visual C++也支持附录 K 中的许多安全字符串处理函数，还能诊断出是否使用了不安全的变体，除非你在包含函数声明的头文件之前定义了_CRT_SECURE_NO_WARNINGS。

接下来将逐个讨论这些字符串处理库。

7.3.1 <string.h>和<wchar.h>

C 标准库包括一些众所周知的函数，比如 strcpy、strncpy、strcat、strncat、strlen 等，另外还有可分别用于复制和移动字符串的 memcpy 和 memmove。C 语言标准也提供了处理 wchar_t（而非 char）类型对象的宽字符接口。（这类函数的名称和窄字符串函数类似，除了使用 wcs 代替 str，并将 w 放在了内存函数名称之前。）表 7-4 列举了一些窄字符串函数和宽字符串函数的示例。千万别把二者搞混了。

表 7-4　窄字符串函数和宽字符串函数

窄（char）	宽（wchar_t）	描　　述
strcpy	wcscpy	字符串复制
strncpy	wcsncpy	截断，0 填充复制
memcpy	wmemcpy	复制指定数量的代码单元
memmove	wmemmove	移动指定数量（可能重叠）的代码单元
strcat	wcscat	拼接字符串
strncat	wcsncat	拼接字符串（会被截断）
strcmp	wcscmp	比较字符串
strncmp	wcsncmp	比较字符串中指定个数的字符
strchr	wcschr	查找字符串中的某个字符
strcspn	wcscspn	检查字符串 str1 开头连续有多少个字符不在字符串 str2 中
strpbrk	wcspbrk	查找一组字符在字符串中首次出现的位置
strrchr	wcsrchr	查找某个字符在字符串中首次出现的位置
strspn	wcsspn	返回从字符串 str1 起始处起，完全由字符串 str2 所包含字符组成的子串长度[①]
strstr	wcsstr	查找子串
strtok	wcstok	将字符串分割成一组子串（修改被分割的字符串）
memchr	wmemchr	在内存中查找某个代码单元
strlen	wcslen	计算字符串长度
memset	wmemset	使用指定的代码单元填充内存

---

① 例如，strspn("hello, world", "abcdefghijklmnopqrstuvwxyz")，返回值为 5。——译者注

这些字符串处理函数被认为有不错的效率，因为它们将内存管理任务留给了调用者，无论是静态还是动态分配的内存都可以使用。下面将详细介绍其中最常用的函数。

1. 大小和长度

本章先前提到过，字符串具有**大小**（分配给支撑数组的字节数）和**长度**。可以使用 sizeof 运算符在编译期间获得为支撑数组静态分配的大小。

```
char str[100] = "Here comes the sun";
size_t str_size = sizeof(str); // str_size 的值为 100
```

可以使用 strlen 函数计算字符串长度。

```
char str[100] = "Here comes the sun";
size_t str_len = strlen(str); // str_len 的值为 18
```

wcslen 函数通过计算终止空宽字符之前的代码单元数量获得宽字符串的长度。

```
wchar_t str[100] = L"Here comes the sun";
size_t str_len = wcslen(str); // str_len 的值为 18
```

长度就是统计某样东西的数量，但究竟统计什么东西，可就不一定了。下面是在获取字符串长度时可被统计的一些信息。

- ❑ **字节**　在分配存储空间时有用。
- ❑ **代码单元**　用于表示该字符串的代码单元的数量。这个值取决于编码方式，还可用于分配内存。
- ❑ **码点**　码点（字符）可以占用多个代码单元。这个值在分配存储空间时没有用。
- ❑ **扩展字位簇**（extended grapheme cluster）　由一个或多个 Unicode 标量组成，接近于用户眼中的单个字符。很多单独的字符，比如 "é" "김" 和 "ﾉ N"，可能是由多个 Unicode 标量组成的。Unicode 的边界算法将这些码点组合成扩展字位簇。

strlen 函数和 wcslen 函数统计代码单元。对于 strlen 函数，这对应于字节数。对于 wcslen 函数，情况则更复杂，因为 wchar_t 类型的大小是由实现定义的。代码清单 7-2 给出了一个为窄字符串和宽字符串动态分配内存的例子。

代码清单 7-2　为窄字符串和宽字符串动态分配内存

```
// 窄字符串
char str1[] = "Here comes the sun";
char *str2 = malloc(strlen(str1) + 1));
```

```
// 宽字符串
wchar_t wstr1[] = L"Here comes the sun";
wchar_t *wstr2 = malloc((wcslen(wstr1) + 1) * sizeof(wchar_t));
```

对于窄字符串，在分配内存前，可以使用 strlen 函数确认其长度，然后再加上终止空字符占用的 1 字节。对于宽字符串，可以使用 wcslen 函数确认其长度，然后再加上 1，对应于终止空宽字符，接着将结果乘以 wchar_t 类型的大小。

码点或扩展字位簇的计数不能用于存储空间分配，因为二者是由数量不定的代码单元组成的。[①]扩展字位簇用于在存储空间不足时确定字符串的截断位置。在扩展字位簇边界处截断，避免用户眼中的字符发生断裂。

调用 strlen 函数是一种代价昂贵的操作，因为函数需要遍历数组，查找空字符。下面是 strlen 函数的简单实现。

```
size_t strlen(const char * str) {
  const char *s;
  for (s = str; *s; ++s) {}
  return s - str;
}
```

strlen 函数无法知道 str 所引用对象的大小。如果使用在边界之前缺少空字符的非法字符串调用 strlen，那么函数就会访问到数组之外的内容，导致未定义行为。向 strlen 传入空指针也会造成未定义行为（解引用空指针）。如果字符串大于 PTRDIFF_MAX，则同样会引发上述 strlen 函数实现的未定义行为。应该避免创建此类对象（在这种情况下，该实现没有问题）。

2. strcpy 函数

计算动态分配内存的大小并没有那么容易。一种方法是在分配内存的时候把分配大小保存起来，随后再使用这个值。代码清单 7-3 中的代码片段使用 strcpy 函数，通过先确定长度，然后再加 1（对应于终止空字符），来生成 str 的副本。

代码清单 7-3　复制字符串

```
char str[100] = "Here comes the sun";
size_t str_size = strlen(str) + 1;
char *dest = (char *)malloc(str_size);
if (dest) {
  strcpy(dest, str);
}
else {
```

---

① "It's Not Wrong that 🌀.length == 7" 这篇文章阐明了字符串的长度，值得一看。

```
/* 处理错误 */
}
```

然后可以使用 str_size 动态分配复制所需的存储空间。strcpy 函数将源字符串（str）复制为目标字符串（dest），包括终止空字符。strcpy 函数返回目标字符串的起始地址，本例中将其忽略了。

strcpy 函数的常见实现如下所示。

```
char *strcpy(char *dest, const char *src) {
  char *save = dest;
  while (*dest++ = *src++);
  return save;
}
```

上述代码在复制所有字节之前将指向目标字符串的指针保存在 save（用作返回值）中。当复制到第一个空字节时，while 循环终止。因为 strcpy 并不知道源字符串的长度或目标数组的大小，所以它会假定调用者已经验证过所有的函数参数，允许函数实现不做任何检查，简单地将每字节从源字符串复制到目标数组。

3. 检查参数

检查参数的工作可以由调用函数或被调用函数来执行。由调用者和被调用者共同参与的冗余参数测试在很大程度上是一种不足信的防御性编程风格。通常的原则是只要求在接口的一侧进行验证。

最具时效性的方法是由调用者执行检查，因为调用者能够更好地理解程序的状态。在代码清单 7-3 中，无须进行多余的测试就能看出 strcpy 的参数没有问题：变量 str 引用的静态分配数组在声明中已经正确初始化，dest 参数是一个非空指针，所指向的动态存储区域足以保存 str 的副本（包括空字符）。因此，对 strcpy 的调用是安全的，并且能以省时的方式执行复制。这种检查参数的方法通常被 C 标准库函数使用，因为它符合 "C 语言的精神"，即高效并相信程序员会传递有效的参数。

更安全、更可靠且更节省空间的方法是让被调用者检查参数。这种方法不容易出错，因为是由库函数的实现者验证参数，所以不用再指靠程序员来保证参数的有效性。函数实现者所处的位置往往能够更好地理解哪些参数需要验证。如果用于验证输入的代码有缺陷，那么只需在一个地方修复即可。把所有的参数验证代码都集中在一处，这种方法通常更节省空间。然而，因为不管有没有必要，测试都会执行，所以时效性就比较差。这些函数的调用者经常会在可疑的系统调用之前进行检查，这些系统调用可能已经做过类似的检查，也可能没有。这种方法还会对当前没有返回错误指示但可能有此需要（如果验证参数的话）的被调用者进行额外的错误处理。对于字符串，被调用函数无法总能确定参数是否为一个以空字符结尾的有效字符串，或者指向的存储空间是否足以完成复制。

这里的教训是，除非标准明确要求，否则不要假设 C 标准库函数会验证参数。

4. memcpy 函数

memcpy 函数从 src 指向的位置将指定数量（size）的字符复制到 dest 指向的位置。

```
void *memcpy(void * restrict dest, const void * restrict src, size_t size);
```

如果目标数组大于或等于 size 参数，源数组在边界之前包含空字符，且字符串长度小于 size - 1（以便结果字符串能够正确地以空字符终止），那么可以使用 memcpy 函数代替 strcpy 复制字符串。最佳建议是，用 strcpy 复制字符串，而仅用 memcpy 复制原始的无类型的内存数据。另外别忘了，赋值运算符（=）在很多时候也能有效地复制对象。

大多数 C 标准库函数会返回指向字符串参数起始位置的指针，以便嵌套调用字符串函数。例如，下列嵌套函数调用序列会通过复制、拼接各个组成部分，生成一个人的法定全名。

```
strcat(strcat(strcat(strcat(strcpy(full, first), " "), middle), " "), last);
```

然而，用子串拼凑出 full 需要对该字符串进行多次不必要的扫描。就函数而言，更实用的方法是返回指向改动后的字符串**末尾**的指针，这样就无须重复扫描了。C2x 将引入一个字符串复制函数 memccpy，该函数采用了更好的接口设计。POSIX 环境应该已经提供了这个函数，不过可能需要启用其声明，方法如下所示。

```
#define _XOPEN_SOURCE 700
#include <string.h>
```

5. gets 函数

gets 函数是一个存在缺陷的输入函数，它接受输入，但没有提供任何方式来指定目标数组大小，因此无法防止缓冲区溢出。gets 函数在 C99 中已被弃用，并从 C11 中删除。然而，由于该函数已存在多年，大多数库仍然提供向后兼容的实现，因此你可能还会时不时地看到它。**坚决不要使用这个函数**，只要在你维护的代码中发现 gets 函数的影子，就应该将其替换。

因为 gets 函数实在糟糕，所以有必要花点儿时间了解一下它如此不堪的原因。代码清单 7-4 中显示的函数提示用户输入 y 或 n，表明是否要继续进行。如果用户输入的字符数超过 8 个，那么该函数就会产生未定义行为。然而，gets 函数压根不知道目标数组到底有多大，结果就是一股脑地向数组边界之外写入。

代码清单 7-4 滥用过时的 gets 函数

```
#include <stdio.h>
#include <stdlib.h>
void get_y_or_n(void) {
  char response[8];
  puts("Continue? [y] n: ");
  gets(response);
  if (response[0] == 'n')
    exit(0);
  return;
}
```

代码清单 7-5 给出了一个简化版的 gets 函数实现。如你所见，该函数的调用者无法限制读取的字符数量。

代码清单 7-5 gets 函数实现

```
char *gets(char *dest) {
  int c;
  char *p = dest;
  while ((c = getchar()) != EOF && c != '\n') {
    *p++ = c;
  }
  *p = '\0';
  return dest;
}
```

gets 函数每次读取一个字符。如果读取到的是 EOF 或换行符（'\n'），那么循环就会终止。否则，会继续向 dest 数组写入，丝毫不考虑对象的边界。

代码清单 7-6 展示了代码清单 7-4 中的 get_y_or_n 函数，其中内联了 gets 函数。

代码清单 7-6 差劲的 while 循环

```
#include <stdio.h>
#include <stdlib.h>
void get_y_or_n(void) {
  char response[8];
  puts("Continue? [y] n: ");
  int c;
  char *p = response;
❶ while ((c = getchar()) != EOF && c != '\n') {
    *p++ = c;
  }
  *p = '\0';
```

```
  if (response[0] == 'n')
    exit(0);
}
```

目标数组的大小是已知的，但 while 循环❶并没有使用此信息。在循环中读/写数组时，应该确保循环的终止条件是达到目标数组的边界。

7.3.2 附录 K：边界检查接口

C11 引入了附录 K（边界检查接口），提供了各种替代函数，以验证输出缓冲区的大小能否实现预期结果，如果不能，就返回一个失败指示器。这些函数的目的在于阻止写入数据时超出数组边界，并将所有的字符串结果以空字符终止。这些字符串处理函数将内存管理任务留给了调用者，可以在调用函数前静态或动态分配内存。

Microsoft 创建了 C11 附录 K 函数来帮助改进其遗留代码库，以应对 20 世纪 90 年代众多广为人知的安全事件。这些函数随后被提交给 C 语言标准委员会进行标准化，发布为 ISO/IEC TR 24731-1(ISO/IEC TR 24731-1:2007)，接着作为一组可选扩展并入 C11。尽管提高了可用性和安全性，但在本书撰写之际，相关函数尚未被广泛实现。

1. gets_s 函数

附录 K 有一个 gets_s 函数，可用于消除代码清单 7-4 中 gets 函数引发的未定义行为，如代码清单 7-7 所示。这两个函数其实差不多，除了 gets_s 函数会检查数组边界。如果超出了输入字符的最大数量限制，则默认行为由实现定义，不过通常是调用 abort 函数。可以通过 set_constraint_handler_s 函数改变该行为，"运行期约束"一节会对此做进一步解释。

代码清单 7-7　使用 gets_s 函数

```
#define __STDC_WANT_LIB_EXT1__ 1
#include <stdio.h>
#include <stdlib.h>

void get_y_or_n(void) {
  char response[8];
  size_t len = sizeof(response);
  puts("Continue? [y] n: ");
  gets_s(response, len);
  if (response[0] == 'n') exit(0);
}
```

代码清单 7-7 的第 1 行将 __STDC_WANT_LIB_EXT1__ 宏定义为 1。然后包含了定义边界检查接口的头文件，使其能在程序中使用。不像 gets 函数，gets_s 函数还接受一个表示大小的参数。因此，修正后的 get_y_or_n 函数使用 sizeof 运算符计算目标数组大小，并将其作为参数传给 gets_s 函数。违反运行期约束的后果是由实现定义的行为。

2. strcpy_s 函数

strcpy_s 函数基本上是 strcpy 函数（在<string.h>中定义）的替代品。strcpy_s 函数会将包括终止空字符在内的源字符串复制到目标字符串数组。该函数的原型如下所示。

```
errno_t strcpy_s(
  char * restrict s1, rsize_t s1max, const char * restrict s2
);
```

strcpy_s 函数多出了一个类型为 rsize_t 的参数，用于指定目标缓冲区的最大长度。仅当源字符串被完全复制到目标缓冲区而未出现缓冲区溢出时，该函数才算成功。strcpy_s 函数会验证是否违反了以下运行期约束。

- ❏ s1 和 s2 均不为空指针。
- ❏ s1max 不大于 RSIZE_MAX。
- ❏ s1max 不等于 0。
- ❏ s1max 大于 strnlen_s(s2, s1max)。
- ❏ 不复制相互重叠的对象。

为了一次性完成字符串的复制，典型的 strcpy_s 函数实现会从源字符串中获取一个字符，将其复制到目标数组，直至复制完整个字符串或目标数组已满。如果无法复制整个字符串且 s1max 为正数，则 strcpy_s 函数会将目标数组的首字节设置为空字符，创建一个空字符串。

3. 运行期约束

运行期约束（runtime constraint）是违反函数运行期间要求的各种情况，函数可以通过调用处理程序来检测和诊断。如果处理程序返回，那么函数将向调用者返回一个失败指示符。

边界检查接口通过调用运行期约束处理程序来强制运行期约束，运行期约束处理程序可以简单地返回，也可以向 stderr 打印消息并中止该程序。通过 set_constraint_handler_s 函数可以控制调用哪个处理程序，并使处理程序简单地返回。

```
int main(void) {
  constraint_handler_t oconstraint =
    set_constraint_handler_s(ignore_handler_s);
  get_y_or_n();
}
```

如果处理程序返回，则说明找出了违反运行期约束的函数，然后调用处理程序，使用返回值向该函数的调用者指明错误。

边界检查接口函数通常在进入时立即检查条件，或是在执行任务的同时收集充足的信息，判断是否违反了运行期约束。导致出现 C 标准库函数未定义行为的情况就是边界检查接口的运行期约束条件。

如果没有调用 set_constraint_handler_s 函数，那么实现将提供默认约束处理程序。默认约束处理程序的行为也许会导致程序退出或中止，但是鼓励实现提供合理的默认行为。例如，这允许用于实现安全关键型系统的编译器在默认情况下不中止程序。必须对可以返回的那些函数的返回值进行检查，而不是简单地认为其结果是有效的。要想消除实现定义的行为，可以在调用边界检查接口之前先调用 set_constraint_handler_s 函数，或是运用运行期约束处理程序的各种调用机制。

附录 K 提供了 abort_handler_s 函数和 ignore_handler_s 函数，它们代表了两种常见的错误处理策略。C 语言实现所提供的默认处理程序不一定非得是这两者。

7.3.3　POSIX

POSIX 还定义了诸如 strdup 和 strndup（IEEE Std 1003.1:2018）等字符串处理函数，为 POSIX 兼容平台提供了另一组与字符串相关的 API。C 语言标准委员会已将这些接口发布为技术报告 24731-2（ISO/IEC TR 24731-2:2010），尽管它们尚未被纳入 C 语言标准。

这些替代函数使用动态分配内存来确保不会发生缓冲区溢出，并且实现了"被调用者分配，调用者释放"的模型。每个函数会确保有足够的内存可用（malloc 调用失败时除外）。例如，strdup 函数会返回一个指向包含参数副本的新字符串的指针。返回的指针应传递给 C 标准函数 free，以便回收无用的存储空间。

代码清单 7-8 使用 strdup 函数为 getenv 函数返回的字符串创建副本。

代码清单 7-8　使用 strdup 函数复制字符串

```
const char *temp = getenv("TMP");
if (temp != NULL) {
  char *tmpvar = strdup(temp);
  if (tmpvar != NULL) {
    printf("TMP = %s.\n", tmpvar);
    free(tmpvar);
  }
}
```

C 标准库函数 getenv 搜索宿主环境提供的环境列表，在其中查找匹配指定名称的字符串（在本例中是"TMP"）。该环境列表中的字符串被称为**环境变量**，为向进程传递字符串提供了一种额外机制。这些字符串并没有明确定义的编码，但通常与命令行参数、stdin 和 stdout 使用的系统编码相同。

返回的字符串（环境变量的值）可能会被 getnev 函数的后续调用覆盖，最好在创建线程之前先检索所需的环境变量，消除可能产生的竞争条件。如果打算以后使用，则应创建字符串的副本，以便在需要的时候安全地引用该副本，如代码清单 7-8 所示。

strndup 函数和 strdup 函数的功能一样，除了 strndup 最多会向新分配的内存中复制 n + 1 字节（strdup 会复制整个字符串），同时确保新创建的字符串总是以空字符终止。

这两个 POSIX 函数通过自动为结果字符串分配存储空间来帮助阻止缓冲区溢出，但是当存储空间不再使用时，还需要额外调用 free。这就意味着每个 strdup 或 strndup 调用都要有对应的 free 调用，那些更习惯于<string.h>定义的字符串函数行为的程序员会因此而感到困惑。

7.3.4　Microsoft

Microsoft 实现了大部分 C 标准库函数和部分 POSIX 函数。但是，Microsoft 实现的这些函数有时候与特定标准的要求不同，或是函数名与其他标准中的保留标识符冲突。在这种情况下，Microsoft 通常会在函数名前加一个下划线。例如，POSIX 函数 strdup 在 Windows 中是不可用的，而函数 _strdup 则可用，二者的行为是一样的。

Visual C++库包含边界检查接口的原型实现。遗憾的是，Visual C++不符合 C11 或 TR 24731-1，因为 Microsoft 选择不根据标准化过程中发生的 API 变化来更新实现。例如，Visual C++不提供 set_constraint_handler_s 函数，而是保留了一个行为类似但原型不兼容的旧函数。

```
_invalid_parameter_handler _set_invalid_parameter_handler(_invalid_parameter_handler)
```

Microsoft 没有定义 abort_handler_s 函数、ignore_handler_s 函数、memset_s 函数（TR 24731-1 未定义）或 RSIZE_MAX 宏。Visual C++也不会将重叠的源字符串和目标字符串视为运行期约束违规，而是会作为这种情况下的未定义行为。我的 NCC Group 报告 "Bounds-Checking Interfaces: Field Experience and Future Directions" 提供了边界检查接口各个方面的更多信息，包括 Microsoft 的实现（Seacord，2019）。

7.4　小结

在本章中，你既学习了 ASCII 和 Unicode 等字符编码，也学习了用于在 C 程序中表示字符的各种数据类型，比如 char、int、wchar_t 等。本章还介绍了包括 C 标准库函数 libiconv 和 Windows API 在内的字符转换库。

除了字符，你还学习了字符串以及 C 标准库中定义的用于处理字符串的遗留函数和边界检查接口，还有 POSIX 和 Microsoft 的一些特定函数。

第 8 章将介绍输入/输出。

第8章

输入/输出

本章教你如何执行输入/输出（I/O）操作来读/写终端和文件系统。I/O 涉及数据进出程序的所有方式，离开了 I/O，你的程序一无是处。我们将介绍使用 C 标准流和 POSIX 文件描述符的各种技术：先从 C 语言的标准文本和二进制流开始；然后讲述使用 C 标准库和 POSIX 函数打开和关闭文件的不同方法；接着讨论读写字符和行、读写格式化文本以及读写二进制流。另外，我们还会介绍流缓冲、流倾向和文件定位。

其他可用的设备和 I/O 接口（比如 ioctl）还有很多，不过本章并不打算展开讨论。

8.1　标准 I/O 流

C 语言标准指定使用流与终端以及存储在受支持的结构化存储设备上的文件进行通信。**流**是一种统一抽象，用于同使用或生成顺序数据的文件和设备（比如套接字、键盘、USB 端口和打印机）进行通信。

C 语言使用不透明的 FILE 数据类型来表示流。一个 FILE 对象保存着用于关联相应文件的内部状态信息，包括文件位置指针、缓冲信息、错误指示器和文件末尾指示符。绝不要自己分配 FILE 对象。C 标准库函数对 FILE *类型（指向 FILE 类型的指针）的对象进行操作。因此，流经常被称为**文件指针**。

C 标准在<stdio.h>中提供了大量可用于操作流的 API，本章稍后会对此进行研究。但是，因为这些 I/O 函数需要与多个平台中各种不同的设备和文件系统打交道，所以是高度抽象的，这使其仅适合于最简单的应用程序。

例如，C 语言标准没有目录的概念，因为它必须能处理非层次化文件系统。标准很少提及文件系统特定的细节，比如文件权限或锁定。但是，函数规范经常指出，某些行为"在底层系统支持的范围内"发生，这意味着这类行为需要实现的支持。

因此，通常需要使用 POSIX、Windows 和其他平台提供的移植性较差的 API 在实际应用程序中执行 I/O 操作。应用程序经常会反过来定义自己的一套 API，依赖于平台特定的 API 来提供更安全可靠的跨平台 I/O 操作。

8.1.1　流缓冲

缓冲是将进程与设备或文件之间传递的数据临时存储在内存中的过程。缓冲提高了 I/O 操作（往往存在高延迟）的吞吐量。同样，当程序请求写入块设备（比如磁盘）时，驱动程序会将数据先缓冲在内存中，直到积累够一个或多个设备块的数据，再一次性全部写入磁盘，提高吞吐量。这种策略称为**冲洗输出缓冲区**。

与设备驱动程序一样，流往往维护自己的 I/O 缓冲区。通常，流会对程序要读取的每个文件使用一个输入缓冲区，对要写入的每个文件则使用一个输出缓冲区。

流可以处于下列三种状态之一。

- ❑ **无缓冲**　字符要尽快从源头或在目标处出现。用于错误报告或日志记录的流可能是无缓冲的。
- ❑ **完全缓冲**　字符要在缓冲区已满时以块为形式传至托管环境或从托管环境中读取。用于文件 I/O 的流通常是完全缓冲的，目的在于优化吞吐量。
- ❑ **行缓冲**　字符要在遇到换行符时以块为形式传至托管环境或从托管环境中读取。打开交互式设备（比如终端）时，与其关联的流是行缓冲的。

8.1.2 节将介绍预定义流并描述其缓冲方式。

8.1.2　预定义流

程序有 3 个打开的**预定义文本流**，一旦启动程序，即可使用它们。这些预定义流均在<stdio.h>中声明。

```
extern FILE * stdin;  // 标准输入流
extern FILE * stdout; // 标准输出流
extern FILE * stderr; // 标准错误流
```

标准输入流（stdin）是程序常规的输入源。在默认情况下，stdin 与键盘相关联，但是也可以使用下列命令将其重定向到文件。

```
$ echo "one two three four five six seven" > fred
$ wc < fred
1 7 34
```

文件 fred 的内容被重定向至 wc 命令的 stdin，该命令输出了 fred 中的行数（1）、单词数（7）和字节数（34）。

标准输出流（stdout）是程序常规的输出目的地。stdout 通常与启动程序的终端相关联，但是可以被重定向到文件或其他流，如下所示：

```
$ echo fred
fred
$ echo fred > tempfile
$ cat tempfile
fred
```

这里，echo 命令的输出被重定向至 tempfile。

标准错误流（stderr）用于写入诊断输出。最初打开时，stderr 不是完全缓冲的，stdin 和 stdout 则是完全缓冲的，但前提是二者关联的不是交互式设备。正因为 stderr 不是完全缓冲的，所以错误消息能够尽可能早地被看到。

图 8-1 显示了连接到键盘和用户的终端显示器的预定义流 stdin、stdout 和 stderr。

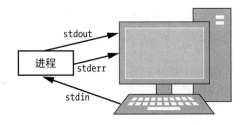

图 8-1　连接到 I/O 信道的标准流

可以使用 POSIX 管道将一个程序的输出流作为另一个程序的输入流。在很多操作系统中，可以使用竖线字符（|）将多个命令串联起来。

```
$ echo "Hello Robert" | sed "s/Hello/Hi/" | sed "s/Robert/robot/"
Hi robot
```

8.1.3   流倾向

每个流都有一种倾向（orientation），指明该流包含的是窄字符还是宽字符。当流与外部文件关联，但未对其进行任何操作之前，它并没有倾向。如果对无倾向的流使用宽字符 I/O 函数，那么该流就变成了**面向宽字符的流**。同样，如果对无倾向的流使用字节 I/O 函数，则该流就变成了**面向字节的流**。能够以 char 类型对象（C 语言标准要求为 1 字节）表示的多字节字符序列或窄字符可以写入面向字节的流。

可以使用 fwide 函数或通过关闭再重新打开文件来重置流的倾向。对面向宽字符的流使用字节 I/O 函数，或是对面向字节的流使用宽字符 I/O 函数，都会导致未定义行为。不要在同一个文件中混用窄字符数据、宽字符数据以及二进制数据。

所有的预定义流（stdin、stdout 和 stderr）在程序启动时都没有倾向。

8.1.4   文本流和二进制流

C 语言标准支持文本流和二进制流。**文本流**是组成行的字符序列，每行由 0 个或多个字符加上行终止字符组成。行终止字符的选择与操作系统有关，类 Unix 系统中使用换行符（\n），大多数 Microsoft Windows 程序则使用回车符（\r）和换行符（\n）的组合。

在换行约定不一致的系统之间传输的文本文件会出现显示不正确的现象。由类 Unix 操作系统的程序生成的文本在 Microsoft Windows 的程序中会显示为单独的一长行，原因在于 Windows 不会对单个换行符或回车符做换行处理。

二进制流是任意二进制数据序列。在相同的实现下，从二进制流中读取的数据与先前向同一流中写入的数据相同。但是，这些流可能会在流的末尾附加若干数量（由实现定义）的空字节。

二进制流总是比文本流更强大、更具可预测性。然而，要想读写可与其他面向文本的程序共用的普通文本文件，最简单的方法是使用文本流。

8.2   打开文件和创建文件

当你打开或创建文件时，就会有一个与之关联的流。下列函数可用于打开或创建文件。

8.2.1   fopen 函数

fopen 函数会打开指定的文件，文件名由 filename 所指向的字符串表示，然后将其与一个流关联起来。如果文件不存在，则 fopen 会创建此文件。

```
FILE *fopen(
  const char * restrict filename,
  const char * restrict mode
);
```

mode 参数指向表 8-1 中所示的字符串之一，用于决定如何打开文件。

表 8-1　有效文件模式字符串

模式字符串	描　　述
r	打开现有的文本文件进行读取
w	将现有文件的长度截断为 0 或创建文本文件进行写入
a	打开或创建文本文件，在文件末尾追加写入
rb	打开现有的二进制文件进行读取
wb	将现有文件的长度截断为 0 或创建二进制文件进行写入
ab	打开或创建二进制文件，在文件末尾追加写入
r+	打开现有的文本文件进行读写
w+	将现有文件的长度截断为 0 或创建文本文件进行读写
a+	打开或创建文本文件进行读取和追加写入
r+b 或 rb+	打开现有的二进制文件进行更新（读写）
w+b 或 wb+	将现有文件的长度截断为 0 或创建二进制文件进行读写
a+b 或 ab+	打开或创建二进制文件进行读取和追加写入

如果文件不存在或无法读取，则无法以读取模式（将 r 作为 mode 参数的第一个字符）打开文件。以追加模式（将 a 作为 mode 参数的第一个字符）打开的文件会导致后续所有的文件写入操作均发生在文件末尾。在有些实现中，由于存在空字符填充，以追加模式（将 b 作为 mode 参数的第二个或第三个字符）打开的二进制文件可能会超出最后写入数据的位置设置文件位置指针。

可以用更新模式（将+作为 mode 参数的第二个或第三个字符）打开文件，对与之关联的流执行读写操作。在某些实现中，用更新模式打开（或创建）文本文件可能会更改为打开（或创建）二进制流。

C11 标准增加了读写二进制文件和文本文件的**独占模式**（exclusive mode），如表 8-2 所示。

表 8-2   C11 添加的有效文件模式字符串

模式字符串	描　述
wx	创建独占的文本文件进行写入
wbx	创建独占的二进制文件进行写入
w+x	创建独占的文本文件进行读写
w+bx 或 wb+x	创建独占的二进制文件进行读写

如果文件已存在或无法创建，那么以独占模式（将 x 作为 mode 参数的最后一个字符）打开的文件将会失败。否则，在底层系统支持独占访问的范围内，文件将以独占（也称非共享）访问方式创建。

最后提醒一点，千万不要复制 FILE 对象。例如，下列程序的失败原因在于 stdout 的值副本被用于 fputs 调用。

```
#include <stdio.h>
#include <stdlib.h>

int main(void) {
  FILE my_stdout = *stdout;
  if (fputs("Hello, world!\n", &my_stdout) == EOF) {
    return EXIT_FAILURE;
  }
  return EXIT_SUCCESS;
}
```

该程序存在未定义行为，在运行时通常会导致崩溃。

8.2.2　POSIX 的 open 函数

在 POSIX 系统中，open 函数（IEEE Std 1003.1:2018）在由 path 标识的文件和称为**文件描述符**的值之间建立关联。

```
int open(const char *path, int oflag, ...);
```

文件描述符是引用文件的表示结构（称为**已打开文件描述**）的非负整数。open 函数返回的文件描述符是尚未被上一次 open 调用返回或传入过 close 调用的最小整数，而且在调用进程中是唯一的。使用该文件描述符的其他 I/O 函数引用的也是此文件。open 函数会将用于标记文件当前位置的文件偏移设置为文件起始处。

oflag 参数的值用于设置打开文件描述[①]的**文件访问模式**，该模式会指定要对打开的文件执行读操作还是写操作，抑或二者兼有。oflag 的值是对文件访问模式和访问标志的任意组合执行按位或运算而得到的。应用程序必须在 oflag 的值中指定以下文件访问模式之一。

- ❏ **O_EXEC**　打开仅执行（非目录文件）。
- ❏ **O_RDONLY**　打开仅读取。
- ❏ **O_RDWR**　打开读写。
- ❏ **O_SEARCH**　打开目录仅搜索。
- ❏ **O_WRONLY**　打开仅写入。

oflag 参数的值也会设置**文件状态标志**，用于控制 open 函数的行为，影响文件操作方式。这些标志如下。

- ❏ **O_APPEND**　在每次写入操作之前将文件偏移设置为文件末尾处。
- ❏ **O_TRUNC**　将文件长度截断为 0。
- ❏ **O_CREAT**　创建文件。
- ❏ **O_EXCL**　如果设置过 O_CREAT 且文件存在，则打开文件失败。

open 函数接受数量不定的参数。紧随 oflag 的参数指定了文件模式位（创建新文件时的文件权限），该参数类型为 mode_t。

代码清单 8-1 展示了使用 open 函数打开文件仅供属主写入的例子。

代码清单 8-1　打开文件仅供属主写入

```
#include <fcntl.h>
#include <sys/stat.h>
#include <stdio.h>
#include <stdlib.h>
//---snip---
int fd;
❶ mode_t mode = S_IRUSR | S_IWUSR | S_IRGRP | S_IROTH;
const char *pathname = "/tmp/file";
//---snip---
if ((fd = open(pathname, O_WRONLY | O_CREAT | O_TRUNC, mode)❷) == -1)
{
  fprintf(stderr, "Can't open %s.\n", pathname);
  exit(1);
}
//---snip---
```

---

① open()调用会创建一个新的打开文件描述，对应于系统范围的打开文件表中的一个表项。打开文件描述记录了文件偏移以及文件状态标志。文件描述符则是打开文件描述的引用。更多信息参见 man 2 open。——译者注

mode❶是由通过对下列表示访问权限的模式位执行按位或操作得到的。

- ❑ **S_IRUSR**　文件属主的读权限位。
- ❑ **S_IWUSR**　文件属主的写权限位。
- ❑ **S_IRGRP**　文件属组的写权限位。
- ❑ **S_IROTH**　其他用户的读权限位。

open 调用❷接受多个参数,包括文件路径名、oflag 以及模式。文件访问模式 O_WRONLY 表示打开的文件仅供写入。文件状态标志 O_CREAT 告知 open 创建文件,O_TRUNC 告知 open 如果文件存在且成功打开,则丢弃文件先前的内容,但保留标识符。

如果文件成功打开,那么 open 函数就返回一个代表文件描述符的非负整数。否则,open 返回–1 并设置 errno 以指明错误。代码清单 8-1 会检查返回值是否为–1,如果出现错误,就向预定义的 stderr 流写入诊断消息,然后退出。

除了 open,POSIX 还提供了其他一些可用于处理文件描述符的实用函数,比如 fileno 和 fdopen,前者可以获得与现有文件指针①关联的文件描述符,后者可以为现有的文件描述符创建新的文件指针。使用文件描述符的 POSIX API 允许访问 POSIX 文件系统特性,这类特性往往不会通过文件指针接口(比如目录、文件权限以及符号和硬链接)公开。

8.3　关闭文件

打开文件需要为其分配资源,如果不断打开文件,却从不关闭,则最终会用光进程所有的文件描述符或句柄,再也无法打开新文件。因此,用完文件一定要记得关闭。

8.3.1　fclose 函数

C 标准库函数 fclose 可用于关闭文件。

```
int fclose(FILE *stream);
```

已被送至托管环境的未写入的流缓冲数据被写入文件,未读取的流缓冲数据则被丢弃。

fclose 函数也有可能失败。例如,当 fclose 写入剩余的缓冲输出时,有可能会因为磁盘已满而返回错误。如果使用的是网络文件系统(Network File System,NFS)协议,则即便知道缓

---

① 由于历史原因,表示流的数据结构类型被称为 FILE,而非 "stream"。因为大多数库函数处理的是 FILE *类型的对象,所以有时候也使用术语 "文件指针" 指代 "流"。这在很多 C 语言资料中造成了一些不必要的混乱。

——译者注

冲区是空的，在关闭文件时仍会发生错误。尽管有可能会失败，但要想从这种失败中恢复基本上是不可能的，所以程序员通常直接忽略 fclose 返回的错误。如果关闭文件失败，那么常见做法是中止进程或截断文件，以便下一次能够读取到有意义的内容。

在关闭了与 FILE 对象关联的文件之后，FILE 对象指针的值是不确定的。长度为 0 的文件（输出流没有写入任何数据）是否实际存在是由实现定义的。

可以在同一程序或另一个程序中重新打开已关闭的文件，读取或修改其内容。如果 main 函数返回，或是调用了 exit 函数，则所有打开的文件都会在程序终止前关闭（并且所有输出流都被刷新）。

其他终止程序的方法，比如调用 abort 函数，可能无法正确关闭所有文件，这意味着未写入磁盘的缓冲数据可能会丢失。

8.3.2 POSIX 的 close 函数

在 POSIX 系统中，可以使用 close 函数释放 fildes 所指定的文件描述符。

```
int close(int fildes);
```

如果在调用 close 期间读取或写入文件系统时发生了 I/O 错误，则返回–1 并将 errno 设置为 EIO。在这种情况下，fildes 的状态不确定，这意味着不能再通过该描述符读写数据，或是再次尝试将其关闭。

文件一旦被关闭，文件描述符就不存在了，因为对应于该文件描述符的整数值不再引用此文件。当流所属的进程终止，文件也会被关闭。

使用 fopen 打开文件的应用程序必须使用 fclose 关闭文件；使用 open 打开文件的应用程序必须使用 close 关闭文件（除非是将文件描述符传给 fdopen，否则在这种情况下，必须调用 fclose 关闭文件）。

8.4 读写字符和行

C 语言标准定义了读写特定字符或行的函数。

大多数接受窄字符（char）或字符串的字节流函数有与之对应的宽字符（wchar_t）或宽字符串的版本（参见表 8-3）。字节流函数在头文件<stdio.h>中声明，宽流函数在头文件<wchar.h>中声明。宽字符函数也可以对同样的流（比如 stdout）进行操作。

表 8-3   窄字符串 I/O 函数和宽字符串 I/O 函数

char	wchar_t	描　　述
fgetc	fgetwc	从流中读取一个字符
getc	getwc	从流中读取一个字符（通常以宏的形式实现）
getchar	getwchar	从 stdin 中读取一个字符
fgets	fgetws	从流中读取一行
fputc	fputwc	向流中写入一个字符
putc	putwc	向流中写入一个字符（通常以宏的形式实现）
fputs	fputws	向流中写入一个字符串
putchar	putwchar	向 stdout 中写入一个字符
puts	N/A	向 stdout 中写入一个字符串
ungetc	ungetwc	向流中退回一个字符
scanf	wscanf	从 stdin 中读取格式化字符输入
fscanf	fwscanf	从流中读取格式化字符输入
sscanf	swscanf	从缓冲区中读取格式化字符输入
printf	wprintf	将格式化字符输出打印到 stdout
fprintf	fwprintf	将格式化字符输出打印到流
sprintf	swprintf	将格式化字符输出打印到缓冲区
snprintf	N/A	和 sprintf 类似，但具备截断功能。swprintf 函数也接受长度参数，但在解释方式上与 snprintf 不同

本章只讨论字节流函数。你也许想完全避开宽字符函数变体，尽可能只使用 UTF-8 字符编码，因为这些函数不太容易出现错误和安全漏洞。

fputc 函数会将字符 c 转换为 unsigned char 类型并写入 stream。

```
int fputc(int c, FILE *stream);
```

如果发生写入错误，就返回 EOF；否则，返回已写入的字符。

putc 函数和 fputc 函数差不多，除了大多数实现将其实现为宏。

```
int putc(int c, FILE *stream);
```

如果 putc 实现为宏，则可能会对其参数多次求值，因此参数不能是存在副作用的表达式。

fputc 用起来更安全。更多信息参见 CERT C 规则 FIO41-C（Do not call getc(), putc(), getwc(), or putwc() with a stream argument that has side effects，不要使用具有副作用的流参数调用

getc()、putc()、getwc()或 putwc()）。

putchar 函数等效于 putc 函数，只不过它使用 stdout 作为流参数的值。

fputs 函数会将字符串 s 写入流 stream。

```
int fputs(const char * restrict s, FILE * restrict stream);
```

该函数既不会写入字符串 s 的终止空字符，也不会写入换行符，只是忠实地输出字符串中的字符。如果出现写入错误，那么 fputs 就返回 EOF。否则，返回一个非负整数。例如，下列语句会输出文本 I am Groot，紧随一个换行符。

```
fputs("I ", stdout);
fputs("am ", stdout);
fputs("Groot\n", stdout);
```

puts 函数会将字符串 s 写入流 stdout 并跟上一个换行符。

```
int puts(const char *s);
```

puts 函数是打印简单消息最方便的函数，因为它只有一个参数。来看一个例子。

```
puts("This is a message.");
```

fgetc 函数会从流中读取下一个 unsigned char 类型的字符，将值转换为 int 并返回。

```
int fgetc(FILE *stream);
```

如果碰到文件结尾或发生读取错误，则该函数会返回 EOF。

你可能还记得，gets 函数从 stdin 读取字符并将其写入字符数组，直到碰上换行符或 EOF。gets 函数本身就不安全。该函数已被 C99 弃用并从 C11 中除名，**坚决不要使用**。如果需要从 stdin 读取字符串，可以考虑使用 fgets 函数。fgets 函数最多从流中读取比指定数量少一个（为空字符留出空间）的字符到字符数组中。

8.5 流冲洗

如前所述，流可以是完全缓冲或部分缓冲，这意味着你认为已经写入的数据可能尚未被提交给托管环境。特别是在程序突然终止时，这会引发问题。fflush 函数会将指定流的未写入数据提交给托管环境以写入文件。

```
int fflush(FILE *stream);
```

如果 stream 的最后一次操作是输入，则属于未定义行为。如果 stream 是一个空指针，那么 fflush 会对所有的流执行冲洗操作。如果不打算如此，那么在调用 fflush 之前，要确保文件指针不为空。如果出现写入错误，那么 fflush 会设置该流的错误指示器并返回 EOF；否则，返回 0。

8.6 设置文件内部位置

随机访问文件（比如磁盘文件，但不包括终端）对应的流维护着一个文件位置指示器。**文件位置指示器**描述了流当前读/写的文件内部位置。

当打开文件时，指示器位于文件起始处。可以将指示器定位在文件内部的任意位置。ftell 函数可以获取文件位置指示器的当前值，fseek 函数可以设置文件位置指示器。这些函数使用 long int 类型表示文件内偏移（位置），因此偏移量受限于可以用 long int 表示大小。代码清单 8-2 演示了 ftell 函数和 fseek 函数的用法。

代码清单 8-2 使用 ftell 函数和 fseek 函数

```
#include <stdio.h>
#include <stdlib.h>

int main(void) {
  FILE *fp = fopen("fred.txt", "r");
  if (fp == NULL) {
    fputs("Cannot open fred.txt file\n", stderr);
    return EXIT_FAILURE;
  }
  if (fseek(fp, 0, SEEK_END) != 0) {
    fputs("Seek to end of file failed\n", stderr);
    return EXIT_FAILURE;
  }
  long int fpi = ftell(fp);
  if (fpi == -1L) {
    perror("Tell");
    return EXIT_FAILURE;
  }
  printf("file position = %ld\n", fpi);
  if (fclose(fp) == EOF) {
    fputs("Failed to close file\n", stderr);
    return EXIT_FAILURE;
  }
  return EXIT_SUCCESS;
}
```

该程序打开文件 **fred.txt**，调用 fseek 函数将文件位置指示器设置到文件结尾处（以 SEEK_END 表示）。ftell 函数以 long int 类型返回流的文件位置指示器的当前值。程序打印出这个值并退出。最后，关闭文件指针 fp 引用的文件。为了确保代码的稳健性，一定要检查错误。特别是，文件 I/O 可能会因各种原因而失败。fopen 函数在失败时会返回一个空指针。对于无法满足的请求，fseek 函数会返回非 0 值。ftell 函数在失败时会返回-1L 并将一个由实现定义的值存入 error。如果 ftell 的返回值等于-1L，就使用 perror 函数打印出字符串"Tell"，紧接着是一个冒号（:）、一个空格以及与 errno 中保存的值对应的错误消息，最后再加上一个换行符。fclose 函数在检测到错误时会返回 EOF。这个小程序反映出了 C 标准库的一个遗憾之处：每个函数都倾向于用自己独特的方式报告错误。因此通常需要参考相关文档，了解如何测试错误。

比较新的 fgetpos 函数和 fsetpos 函数会使用 fpos_t 类型表示偏移。该类型能够表示任意大小的偏移，这意味着可以使用这两个函数处理任意大小的文件。宽字符流有一个与之相关的 mbstate_t 对象，其中保存着该流的当前解析状态。成功调用 fgetpos 会将多字节状态信息作为 fpos_t 对象的一部分存储起来。随后使用已保存的相同 fpos_t 值成功调用 fsetpos，就会恢复解析状态以及在受控流中的位置。fpos_t 对象无法转换为流中的整数字节或字符偏移，只能以间接方式先后调用 fsetpos 和 ftell。代码清单 8-3 中的小程序演示了 fgetpos 函数和 fsetpos 函数的用法。

代码清单 8-3 使用 fgetpos 函数和 fsetpos 函数

```
#include <stdio.h>
#include <stdlib.h>

int main(void) {
  FILE *fp = fopen("fred.txt", "w+");
  if (fp == NULL) {
    fputs("Cannot open fred.txt file\n", stderr);
    return EXIT_FAILURE;
  }
  fpos_t pos;
  if (fgetpos(fp, &pos) != 0) {
    perror("get position");
    return EXIT_FAILURE;
  }
  if (fputs("abcdefghijklmnopqrstuvwxyz", fp) == EOF) {
    fputs("Cannot write to fred.txt file\n", stderr);
  }
  if (fsetpos(fp, &pos) != 0) {
    perror("set position");
    return EXIT_FAILURE;
  }
  long int fpi = ftell(fp);
  if (fpi == -1L) {
    perror("seek");
    return EXIT_FAILURE;
```

```
  }
  printf("file position = %ld\n", fpi);
  if (fputs("0123456789", fp) == EOF) {
    fputs("Cannot write to fred.txt file\n", stderr);
  }
  if (fclose(fp) == EOF) {
    fputs("Failed to close file\n", stderr);
    return EXIT_FAILURE;
  }
  return EXIT_SUCCESS;
}
```

该程序首先打开文件 fred.txt 进行写入，然后调用 fgetpos 获取该文件内的当前位置并将其存入 pos。接下来在调用 fsetpos 将文件位置指示器恢复为 pos 保存的值之前，向文件中写入一些文本。这时，使用 ftell 函数获取并打印出文件位置（应该为 0）。程序运行结束之后，fred.txt 应该包含下列文本。

```
0123456789klmnopqrstuvwxyz
```

如果中途既没有调用 fflush 函数将未写的数据写入，也没有调用文件定位函数（fseek、fsetpos 或 rewind），则不能向流中写入数据，然后再从中读取。在没有中途调用文件定位函数的情况下，也不能从流中读取，然后再向其中写入。

rewind 函数将文件位置指示器设置到文件起始处。

```
void rewind(FILE *stream);
```

rewind 函数等效于先调用 fseek，然后再调用 clearerr 清除该流的错误指示器。

```
fseek(stream, 0L, SEEK_SET);
clearerr(stream);
```

不要试图在以追加模式打开的文件中使用文件位置，因为很多系统在追加数据时并不会修改当前的文件位置指示器，或是在写入的时候将文件位置指示器强行重置到文件末尾处。如果使用的 API 会用到文件位置，则由后续的读、写和定位请求来维护文件位置指示器。POSIX 和 Windows 都提供了从不使用文件位置指示器的 API，对此，要始终指定在文件的哪个偏移处执行 I/O 操作。

8.7   删除文件和重命名文件

C 标准库提供了删除文件的 remove 函数以及移动或重命名文件的 rename 函数。

```
int remove(const char *filename);
int rename(const char *old, const char *new);
```

在 POSIX 中，文件删除函数是 unlink。

```
int unlink(const char *path);
```

unlink 函数有更好的语义定义，因为该函数针对的是 POSIX 文件系统。POSIX 也使用 rename 函数执行重命名操作。在 POSIX 和 Windows 中，一个文件可以有任意数量的链接，包括硬链接和打开文件描述符。unlink 函数总是会删除文件的目录项，仅当文件的链接数为 0 的时候才删除实际的文件。即使此时，文件的实际内容可能仍保留在永久存储中。

在 POSIX 系统中，remove 函数的行为和 unlink 函数一样，但在其他操作系统中可就不一定了。

8.8　使用临时文件

我们经常使用**临时文件**作为进程间通信机制或将信息临时存储到磁盘以释放内存。例如，一个进程可能会写入由另一个进程读取的临时文件。临时文件通常是使用 C 标准库的 tmpfile 和 tmpnam，或是 POSIX 的 mkstemp 等函数在临时目录中创建的。

临时目录可以是全局的，也可以是用户特定的。在 Unix 和 Linux 中，TMPDIR 环境变量用于指定全局临时目录的位置，通常为/tmp 或/var/tmp。Linux 一般使用由$XDG_RUNTIME_DIR 环境变量定义的用户特定临时目录，通常为/run/user/$uid。在 Windows 中，可以在用户配置文件的 "AppData" 一节找到用户特定的临时目录，通常为 C:\Users\User Name\AppData\Local\Temp（%USERPROFILE%\AppData\Local\Temp）。Windows 的全局临时目录是由 TMP、TEMP 或 USERPROFILE 环境变量指定的。C:\Windows\Temp 是 Windows 用于存储临时文件的系统目录。

为安全起见，每个用户最好有自己的临时目录，因为使用全局临时目录经常会导致安全漏洞。POSIX 的 mkstemp 函数是最安全的临时文件创建函数。但是，因为访问共享目录中的文件可能很难或根本无法安全实现，所以建议你不要使用这些函数，可以改用套接字、共享内存或其他专门为此目的设计的机制来执行进程间通信。

8.9　读取格式化文本流

本节将演示使用 fscanf 函数读取格式化输入。fscanf 函数是第 1 章介绍过的 fprintf 函数对应的输入版本，其原型如下所示。

```
int fscanf(FILE * restrict stream, const char * restrict format, ...);
```

fscanf 函数在格式化字符串 format（告知有多少个预期参数、参数类型以及如何对其转换赋值）的控制下从 stream 指向的流中读取输入。后续的参数是对象指针，用于接收经过转换的输入。如果提供的参数少于转换说明符，就属于未定义行为；如果提供的参数多于转换说明符，则仍对多出的参数求值，但会将其忽略。fscanf 函数拥有大量的功能，这里只做简单的介绍。更多信息参见 C 语言标准。

为了演示 fscanf 和其他 I/O 函数的用法，我们编写了一个程序，读取代码清单 8-4 中所示的 signals.txt 文件并打印出其中的各行。文件的每一行包含下列内容。

❑ 信号编号（一个小的正整数值）。
❑ 信号 ID（最多包含 6 个字母或数字的短字符串）。
❑ 描述该信号的短字符串。

代码清单 8-4　signals.txt 文件

```
1 HUP    Hangup
2 INT    Interrupt
3 QUIT Quit
4 ILL Illegal instruction
5 TRAP Trace trap
6 ABRT Abort
7 EMT EMT trap
8 FPE Floating-point exception
```

字段以空白字符分隔，但描述除外，描述信息中可以包含空白字符并由换行符分隔。

代码清单 8-5 中的 signals 程序会读取 signals.txt 文件并打印出其中的各行。

代码清单 8-5　signals 程序

```
#include <stdio.h>
#include <string.h>
#include <stdlib.h>

int main(void) {
  int status = EXIT_SUCCESS;
  FILE *in;

  struct sigrecord {
    int signum;
    char signame[10];
    char sigdesc[100];
❶ } sigrec;
```

```
    if ((in = fopen("signals.txt", "r")) == NULL) {
      fputs("Cannot open signals.txt file\n", stderr);
      return EXIT_FAILURE;
    }

    do {
❷   int n = fscanf(in, "%d%9s%*[ \t]%99[^\n]",
        &sigrec.signum, sigrec.signame, sigrec.sigdesc
      );
      if (n == 3) {
        printf(
          "Signal\n number = %d\n name = %s\n description = %s\n\n",
          sigrec.signum, sigrec.signame, sigrec.sigdesc
        );
      }
      else if (n != EOF) {
        fputs("Failed to match signum, signame or sigdesc\n", stderr);
        status = EXIT_FAILURE;
        break;
      }
      else {
        break;
      }
❸ } while (1);

❹ if (fclose(in) == EOF) {
      fputs("Failed to close file\n", stderr);
      status = EXIT_FAILURE;
    }
    return status;
}
```

我们在 main 函数内定义了多个变量, 包括 sigrec 结构❶, 该结构可用于存储在每行中找到的信号信息。sigrec 结构包含 3 个成员: int 类型的 signum 成员保存信号编号; char 类型数组的 signame 成员保存信号 ID; 同为 char 类型数组的 sigdesc 成员保存信号描述信息。这两个数组都是固定大小, 我们认为足以容纳从文件中读入的字符串。如果读入的字符串过长, 那么程序会将其视为错误。

调用 fscanf❷从文件中逐行读入。该函数出现在无限循环 do...while(1)内部❸, 必须从中跳出才能终止程序。将 fscanf 函数的返回值赋给局部变量 n。如果在首次转换完成之前发生输入错误, 那么 fscanf 函数就会返回 EOF。否则, 返回分配的输入项的数量, 如果发生早期匹配失败, 则该数量可能少于提供的数量, 甚至为 0。在本例中, fscanf 调用分配了 3 个输入项, 仅当 n 等于 3 时, 打印出信号描述。否则, 如果 n 不等于 EOF, 则说明出现了匹配故障, 应向 stderr 输出相应的诊断消息, 将 status 设置为 EXIT_FAILURE, 跳出循环。最后一种可能性是 fscanf 返回 EOF, 指明已经到了文件末尾, 这时只需简单地跳出循环, 无须修改 status。

fscanf 函数使用**格式化字符串**表明如何将输入文本分配给每个参数。在本例中, 格式化字符串"%d%9s%*[\t]%99[^\n]"包含 4 个**转换说明符**，指定了如何转换从流中读取的输入并将结果保存在格式化字符串参数所引用的对象中。接下来介绍以字符%起始的转换说明。%之后可以依次包含下列内容。

- ❏ 一个可选的字符*，表示丢弃输入，不将其赋给参数。
- ❏ 一个可选的大于 0 的整数，指定最大字段宽度（以字符为单位）。
- ❏ 一个可选的长度修饰符，指定对象的大小。
- ❏ 一个转换说明符，指定要应用的转换类型。

格式化字符串中第一个转换说明符是%d，它会匹配第一个可选的有符号十进制整数（对应于文件中的信号编号），并将其保存在由 sigrec.sig 引用的第三个参数中。如果没有可选长度修饰符，那么输入的长度依赖于转换修饰符的默认类型。对于转换修饰符 d，参数必须是 signed int 类型的指针。

格式化字符串中第二个转换说明符是%9s，它会匹配输入流的下一个非空白字符序列（对应于信号名称），并将其作为字符串保存在由 sigrec.signame 引用的第四个参数中。长度修饰符会避免读入超过 9 个字符，然后紧随其后写入一个空字符。在本例中，转换说明符%10s 会导致缓冲区溢出。转换说明符%9s 仍然无法读取整个字符串，从而导致匹配错误。像我们这样将数据读入固定大小的缓冲区时，最好测试一下输入是否完全匹配或稍微超过固定的缓冲区长度，以确保不会发生缓冲区溢出，并且字符串以空字符终止。

先暂时跳过第三个转换说明符，来说说第四个： %99[^\n]。这个神奇的转换说明符将匹配文件中的信号描述字段。方括号（[]）包含一个**扫描集**，效果类似于正则表达式。这个扫描集使用音调符（^）表示排除\n。将两部分放在一起，%99[^\n]会读取所有的字符，直至碰到\n（或 EOF），并将其保存在由 sigrec.sigdesc 引用的第五个参数中。C 程序员常用这种语法读取整行。此转换说明符还包括最大长度为 99 个字符的字符串，以避免缓冲区溢出。

最后，再回头来看第三个转换说明符：%*[\t]。如你所见，第四个转换说明符读取了从信号 ID 结尾处开始的剩余所有字符。可惜的是，其中还包括信号 ID 和信号描述信息之间的空白字符。转换说明符%*[\t]的目的就是消耗掉这两个字段之间的空格或水平制表符，并通过赋值屏蔽说明符*将其屏蔽。此转换说明符的扫描集中也可以加入其他空白字符。

最后，调用 fclose 函数关闭文件❹。

8.10   读写二进制流

C 标准库函数 fread 和 fwrite 可以处理二进制流。fwrite 函数原型如下所示。

```
size_t fwrite(const void * restrict ptr, size_t size, size_t nmemb,
  FILE * restrict stream);
```

该函数将 ptr 指向的数组中大小为 size 字节的 nmemb 个元素写入 stream。通过将每个对象转换为 unsigned char 数组（所有对象都可以转换为该类型的数组），然后调用 fputc 函数按照顺序写入数组中每个字符的值。流的文件位置指示器向前移动的距离就是成功写入的字符数。

代码清单 8-6 演示了使用 fwrite 函数向 signals.txt 文件中写入信号记录。

代码清单 8-6 使用直接 I/O 写入二进制文件

```
#include <stdio.h>
#include <stdlib.h>
#include <string.h>

typedef struct sigrecord {
  int signum;
  char signame[10];
  char sigdesc[100];
} sigrecord;

int main(void) {
  int status = EXIT_SUCCESS;
  FILE *fp;
  sigrecord sigrec;

❶ if ((fp = fopen("signals.txt", "wb")) == NULL) {
    fputs("Cannot open signals.txt file\n", stderr);
    return EXIT_FAILURE;
  }

❷ sigrecord sigrec30 = { 30, "USR1", "user-defined signal 1" };
  sigrecord sigrec31 = {
    .signum = 31, .signame = "USR2", .sigdesc = "user-defined signal 2"
  };

  size_t size = sizeof(sigrecord);

❸ if (fwrite(&sigrec30, size, 1, fp) != 1) {
    fputs("Cannot write sigrec30 to signals.txt file\n", stderr);
    status = EXIT_FAILURE;
    goto close_files;
  }

  if (fwrite(&sigrec31, size, 1, fp) != 1) {
    fputs("Cannot write sigrec31 to signals.txt file\n", stderr);
    status = EXIT_FAILURE;
  }

  close_files:
    if (fclose(fp) == EOF) {
```

```
      fputs("Failed to close file\n", stderr);
      status = EXIT_FAILURE;
      }

  return status;
}
```

以 wb 模式打开 signals.txt 文件❶，创建一个二进制文件进行写入。我们声明了两个 sigrecord 结构❷并使用要写入文件的信号值对它们进行初始化。作为比较，初始化第二个结构 sigrec31 时使用的是指定初始化式。两种初始化风格的效果是一样的。指定初始化式使声明看起来不那么简洁，但清晰性更好。实际的写入操作从❸开始。检查每个 fwrite 函数调用的返回值，确保写入正确数量的元素。

代码清单 8-7 使用 fread 函数读取写入 signals.txt 文件的数据。

代码清单 8-7 使用直接 I/O 读取二进制文件

```
#include <stdio.h>
#include <stdlib.h>
#include <string.h>

typedef struct sigrecord {
  int signum;
  char signame[10];
  char sigdesc[100];
} sigrecord;

int main(void) {
  int status = EXIT_SUCCESS;
  FILE *fp;
  sigrecord sigrec;
  size_t size = sizeof(sigrecord);

❶ if ((fp = fopen("signals.txt", "rb")) == NULL) {
    fputs("Cannot open signals.txt file\n", stderr);
    return EXIT_FAILURE;
  }

  // 读取第二个信号
❷ if (fseek(fp, size, SEEK_SET) != 0) {
    fputs("fseek in signals.txt file failed\n", stderr);
    status = EXIT_FAILURE;
    goto close_files;
  }

❸ if (fread(&sigrec, size, 1, fp) != 1) {
    fputs("Cannot read from signals.txt file\n", stderr);
    status = EXIT_FAILURE;
    goto close_files;
  }
```

```
printf(
  "Signal\n number = %d\n name = %s\n description = %s\n\n",
  sigrec.signum, sigrec.signame, sigrec.sigdesc
);

close_files:
  fclose(fp);
  return status;
}
```

以 rb 模式❶打开二进制文件进行读取。接下来，为了让这个例子更有意思，程序没有选择读取整个文件，而是读取并打印特定信号的信息。可以使用程序参数指明要读取哪个信号，不过在本例中，我们硬编码读取第二个信号。为此，程序调用 fseek 函数❷设置 fp 所指向的流的文件位置指示器。本章先前讲过，文件位置指示器可以决定后续 I/O 操作的文件位置。对于二进制流，将偏移量（以字节为单位）与 fseek 最后一个参数指定的位置（SEEK_SET 代表文件起始处）相加，以此设置新的文件位置。第一个信号所在的文件位置为 0，后续每个信号所在的位置是从文件起始处开始的 sigrecord 结构大小的整倍数。

将文件位置指示器定位在第二个信号处之后，调用 fread 函数❸将二进制文件中的数据读取到&sigrec 引用的结构中。类似于 fwrite，fread 函数从 fp 指向的流中读取一个元素，大小由 size 指定。在大多数情况下，该对象的大小和类型与 fwrite 函数中的一致。流的文件位置指示器向前移动的距离就是成功读取的字符数。检查 fread 函数的返回值，确保读取了正确数量的元素。

二进制文件有不同的格式。特别是，数字的二进制表示中的字节序（或大小端）在不同的系统中是不一样的。**大端序**将最高有效字节放在最前面，将最低有效字节放在最后面，而**小端序**则正好相反。例如，考虑无符号十六进制数 0x1234，这至少需要两字节来表示。在大端序中，这两字节分别是 0x12 和 0x34，而在小端序中，则分别是 0x34 和 0x12。Intel 处理器和 AMD 处理器使用小端序，而 ARM 系列处理器和 POWER 系列处理器则可以在小端序和大端序之间切换。然而，在 IP、TCP 和 UDP 等网络协议中，大端序是主流的字节序。当在一台计算机中创建二进制文件，在另一台具有不同字节序的计算机中读取时，就会出现问题。要想实现二进制数据格式的字节序独立性，可以始终以固定的字节序存储数据，或是在二进制文件中加入一个字段来指明数据的字节序。

8.11　小结

在本章中，你首先学习了 I/O 和 C 标准流，包括流缓冲、预定义流、流倾向以及文本流和二进制流之间的不同。

接着，你学习了如何使用 C 标准库和 POSIX API 创建、打开及关闭文件；如何读写字符和行、读写格式化文本以及读写二进制流。我们还讲解了如何冲洗流、设置文件内部位置以及删除文件和重命名文件，最后又介绍了临时文件并建议避免使用临时文件。

第 9 章将介绍编译过程和预处理器，包括文件包含、条件包含以及宏。

第 9 章

预处理器

预处理器是 C 编译器的一部分，运行在编译过程的早期阶段，在源代码被翻译之前负责对其进行变换，比如将一个文件（通常是头文件）中的代码插入另一个文件（通常是源文件）中。预处理器还允许指定在宏扩展期间，由源代码段自动替换某个标识符。在本章中，你将学习如何使用预处理器来包含文件、定义类似于对象和函数的宏以及根据实现独有的特性有条件地包含代码。

9.1 编译过程

先来看看预处理器位于整个编译过程的哪个位置。从概念上来讲，编译过程由 8 个阶段组成，如图 9-1 所示。我们称其为**翻译阶段**，因为每个阶段都要翻译代码以供下一个阶段处理。

字符映射 ▷ 行分割 ▷ 标记化 ▷ 预处理 ▷ 字符集映射 ▷ 字符串拼接 ▷ 翻译 ▷ 链接

图 9-1　翻译阶段

预处理器运行在源代码被翻译器翻译为目标代码之前。这允许预处理**先于**翻译器处理用户编写的源代码。因此，预处理器只掌握被编译程序有限的语义信息。它对函数、变量或类型一无所知，仅知道像头文件名、标识符、字面量和符号字符（比如+、-和!）这样的基本元素。这些称为**记号**的基本元素是对编译器具有意义的最小程序元素。

预处理器会对源代码中的**预处理指令**进行处理，规划预处理器的行为。在书写预处理指令时，使用前导记号#，后面跟上指令名，比如#include、#define 或#if。可以在行首和#之间或#和指令名之间加入空白字符进行缩进。每个预处理指令均以换行符终止。

预处理器指令会使得预处理器执行相应的操作，该操作可能会改变最终的翻译单元，而这意味着你编写的代码往往和翻译器看到的代码是不一样的。编译器实现通常会提供方法来查看传给翻译器的预处理器输出（**翻译单元**）。查看预处理输出并不是必需的，但你可能会发现查看传给翻译器的实际代码具有一定的参考价值。表 9-1 列出了常见的编译器用于输出翻译单元的选项。经过预处理的输出文件通常以.i 作为文件扩展名。

表 9-1   输出翻译单元

编 译 器	命令行示例
Clang	clang *other-options* -E -o *output_file.i source.c*
GCC	gcc *other-options* -E -o *output_file.i source.c*
Visual C++	cl *other-options* /P /Fi *output_file.i source.c*

9.2   文件包含

预处理器有一个强大的功能，可以使用#include 预处理指令将一个源文件的内容插入另一个源文件中。被包含的文件称为**头文件**，以此与其他**源文件**区分。头文件通常包含其他程序要用到的声明。这是与程序的其他部分共享函数和对象的外部声明的最常见方式。本书已经介绍过不少包含 C 标准库函数头文件的例子。例如，表 9-2 中的程序被分成了一个头文件 bar.h 和一个源文件 foo.c。源文件 foo.c 并没有直接包含 func 的声明，但是该函数可以在 main 中按名称被成功地引用。在预处理过程中，#include 指令会将 bar.h 的内容插入 foo.c 中，替换#include 指令本身。

表 9-2   头文件包含

源 文 件	生成的翻译单元

bar.h
 	
int func(void);
	int func(void);
	
	int main(void) {
	  return func();
	}

foo.c
 	
#include "bar.h"
 	
int main(void) {
  return func();
}	

预处理器在碰到#include 指令时会对其进行处理。因此，文件包含具有传递性：如果源文件中包含了一个头文件，而该头文件又包含了另一个头文件，那么进行预处理后的输出会包含这两个头文件的内容。例如，现有头文件 baz.h 和 bar.h 以及源文件 foo.c，对 foo.c 进行预处理后的输出如表 9-3 所示。

表 9-3 头文件包含的传递性

源 文 件	生成的翻译单元

bar.h
 	
`int other_func(void);`
	`int other_func(void);`
	
	`int func(void);`
	
	`int main(void) {`
	  `return func();`
	`}`

bar.h
 	
`#include "baz.h"`
 	
`int func(void);`	

foo.c
 	
`#include "bar.h"`
 	
`int main(void) {`
  `return func();`
`}`	

编译源文件 foo.c 会使得预处理器包含 bar.h 头文件。然后预处理器会处理 baz.h 头文件的包含指令，最终将 other_func 的声明加入生成的翻译单元中。

引号形式的 include 字符串和尖括号形式的 include 字符串

指定包含文件的时候，既可以使用引号形式的 include 字符串（例如，#include "foo.h"），也可以使用尖括号形式的 include 字符串（例如，#include <foo.h>）。二者的区别是由实现定义的，不过通常会影响到用于查找包含文件的搜索路径。例如，Clang 和 GCC 在查找包含文件时，对以下两种情况会分别处理。

❑ 如果是尖括号形式，就在-isystem 标志指定的**系统包含路径**中查找。
❑ 如果是引号形式，则在-iquote 标志指定的**引号包含路径**中查找。

二者具体的区别参见编译器文档。通常，标准库或系统库的头文件位于默认的系统包含路径，你自己的项目头文件可以放入引号包含路径。

9.3 条件包含

我们经常需要编写不同的代码来支持不同的实现。例如，你可能希望为不同的目标架构提供函数的替代实现。一种解决方案是维护两个略有差异的文件，为特定实现编译对应的文件。另一种更好的解决方案是根据预处理器定义来翻译或避免翻译特定目标代码。

通过预处理指令#if、#elif 和#else 指定谓词条件，可以有条件地包含源代码。**谓词条件**是一个控制常量表达式，以求值结果来决定预处理器应该处理程序的哪个分支。通常与预处理器 define 运算符一起使用，该运算符用于确定指定标识符是否为已定义的宏的名称。

条件包含指令类似于 if 语句和 else 语句。如果谓词条件求值结果不为 0，就处理#if 分支并忽略其他所有分支。如果谓词条件求值结果为 0，则测试下一个#elif 分支（如果有的话）中的谓词条件。如果求值结果依然为 0，就接着处理#else 分支（如果有的话）。#endif 预处理指令表示条件包含指令结束。

如果指定标识符被定义为宏，那么 defined 运算符求值结果就为 1，否则为 0。例如，代码清单 9-1 中显示的预处理指令会根据条件决定将哪个头文件的内容包含进生成的翻译单元。foo.c 的预处理输出结果依赖于_WIN32 或_ANDROID_是否为已定义的宏。如果二者都不是，则预处理器输出为空。

代码清单 9-1   条件包含

```
/* foo.c */
#if defined(_WIN32)
#include <Windows.h>
#elif defined(__ANDROID__)
#include <android/log.h>
#endif
```

不同于 if 关键字和 else 关键字，预处理器条件包含不能使用花括号来表示由谓词控制的语句块。预处理器条件包含将包括从#if、#elif 或#else（在谓词之后）到下一个与之配对的#elif、#else 或#endif 之间的所有记号，同时会跳过未匹配的条件包含分支中的记号。条件包含指令可以嵌套。

可以将#if defined *identifier* 或#if defined(*identifier*)简写作#ifdef *identifier*。*identifier* 两侧的圆括号是可选的。类似地，可以将#if !defined *identifier* 简写作#ifndef *identifier*。#elif defined *identifier* 或#elif !defined *identifier* 没有对应的简写形式。

9.3.1   生成错误

如果预处理器由于没有合理的回退行为而无法匹配任何条件分支，则条件包含指令可能需要生成错误。考虑代码清单 9-2 中的例子，其中的代码使用条件包含指令在 C 标准库头文件<threads.h>和 POSIX 线程库头文件<pthread.h>之间做出选择。如果二者皆不可用，则应该提醒进行系统移植的程序员必须修复代码。

代码清单 9-2　引发编译错误

```
#if __STDC__ && __STDC_NO_THREADS__ != 1
#include <threads.h>
//---snip---
#elif POSIX_THREADS == 200809L
#include <pthread.h>
//---snip---
#else
int compile_error[-1]; // 引发编译错误
#endif
```

这里，代码生成了诊断，但并没有描述实际问题。为此，C语言提供了#error预处理指令，以便实现能够生成诊断消息。可以选择在该指令后面加上一个或多个预处理器记号，使其出现在生成的诊断消息中。有了这些，就可以用#error指令替换代码清单9-2中的数组声明了，如代码清单9-3所示。

代码清单 9-3　#error 指令

```
#if __STDC__ && __STDC_NO_THREADS__ != 1
#include <threads.h>
//---snip---
#elif POSIX_THREADS == 200809L
#include <pthread.h>
//---snip---
#else
#error Neither <threads.h> nor <pthread.h> is available
#endif
```

如果两个线程库头文件都不存在，则上述代码会生成以下错误消息。

```
Neither <threads.h> nor <pthread.h> is available
```

9.3.2　头文件保护

在编写头文件时，要面对的一个问题是如何阻止程序员在单个翻译单元中多次包含同样的头文件。考虑到头文件包含的传递性，很容易不小心多次包含同一个头文件（甚至有可能造成头文件之间的无穷递归）。

头文件保护可以确保一个头文件在每个翻译单元中只被包含一次。头文件保护是一种设计模式，根据是否定义了头文件特定的宏来有条件地包含此头文件。如果某个宏尚未被定义，则定义该宏，使得后续测试头文件保护时不会再包含同一个头文件。在表9-4中，bar.h就使用了头文件保护（以粗体显示）来避免（意外地）被 foo.c 重复包含。

表 9-4　头文件保护

源 文 件	生成的翻译单元

bar.h
 	
`#ifndef BAR_H`
`#define BAR_H`
`int func(void) { return 1; }`
`#endif /* BAR_H */`
	`int func(void) { return 1; }`
	
	`int main(void) {`
	`  return func();`
	`}`

foo.c
`#include "bar.h"`
`#include "bar.h" // 重复包含通常不会这么明显`
 	
`int main(void) {`
`  return func();`
`}`	

bar.h 第一次被包含时，对宏 BAR_H 的测试返回 true。然后使用空替换列表定义宏 BAR_H，这就足够了，函数 func 的声明也被包含进 foo.c。bar.h 第二次被包含时，预处理器不会生成任何记号，因为条件包含测试会返回 false。因此，func 在最终的翻译单元中只被定义一次。

在挑选用作头文件保护的标识符时，一种常见的做法是使用文件路径、文件名和扩展名的突出部分，彼此之间以下划线分隔，全部用大写字母书写。如果你有一个头文件，要被包含在 #include "foo/bar/baz.h"中，就可以选择用 FOO_BAR_BAZ_H 作为头文件保护标识符。

有些 IDE 会帮你自动生成头文件保护。避免使用保留标识符作为你自己的头文件保护标识符，因为这会导致未定义的行为。以下划线开头后接大写字母的标识符是保留的。例如，_FOO_H 就是一个保留标识符，但用它作为头文件保护标识符可不是什么好主意，即使你的包含文件名为 _foo.h。使用保留标识符会与实现定义的宏产生冲突，导致编译错误或不正确的代码。

9.4　宏定义

可以使用#define 预处理指令定义宏。**宏**可用于定义常量值或具有泛型参数的类函数构造。宏定义包含一个（可能为空的）**替换列表**，这是在预处理器扩展宏时被插入翻译单元的代码模式。

```
#define identifier replacement-list
```

#define 预处理指令以换行符终止。在下面的例子中，ARRAY_SIZE 的替换列表为 100。

```
#define ARRAY_SIZE 100
int array[ARRAY_SIZE];
```

在这个例子中，标识符 ARRAY_SIZE 被替换为了 100。如果没有指定替换列表，那么预处理器会简单地删除该宏。通常可以在编译器的命令行中指定宏定义，例如，使用 Clang 和 GCC 的-D 选项或 Visual C++的/D 标志。对于 Clang 和 GCC，命令行选项-DARRAY_SIZE=100 指定将宏标识符 ARRAY_SIZE 替换为 100，效果和上个例子中的#define 预处理指令一样。如果没有在命令行中指定宏替换列表，那么编译器通常会帮你提供。例如，-DFOO 等同于#define FOO 1。

宏的作用域一直持续到指定了该宏的#undef 预处理指令或翻译单元结束。不同于变量或函数声明，宏的作用域独立于块结构。

可以使用#define 指令定义对象式宏或函数式宏。**函数式宏**携带参数，在调用时需要传入一组（可能为空的）参数，这类似于调用函数的方式。不同于函数，宏允许使用源文件中的符号执行操作。这意味着可以创建新的变量名或是引用宏所在的源文件和行号。**对象式宏**是一个会被替换为代码片段的简单标识符。

表 9-5 演示了函数式宏和对象式宏之间的不同。FOO 是一个对象式宏，在宏扩展过程中被替换为记号(1 + 1)，而 BAR 是一个函数式宏，被替换为记号(1 + (x))，其中 x 是调用 BAR 时指定的参数。

表 9-5 宏定义

源 文 件	生成的翻译单元

`#define FOO (1 + 1)`
`#define BAR(x) (1 + (x))`
 	
`int i = FOO;`
`int j = BAR(10);`
`int k = BAR(2 + 2);`
	`int i = (1 + 1);`
	`int j = (1 + (10));`
	`int k = (1 + (2 + 2));`

在定义函数式宏时，左圆括号必须紧挨着宏名称，二者之间不能有空白字符。如果宏名称和左圆括号之间有空格，那么圆括号就会变成替换列表的一部分，就像对象式宏 FOO 那样。宏替换列表在宏定义中的第一个换行符处终止。然而，可以通过在换行符之间加上反斜线（\）将多行拼接在一起，使宏定义更易于理解。例如，下面是泛型宏 cbrt 的定义，用于计算其浮点参数立方根。

```
#define cbrt(X) _Generic((X), \
  long double: cbrtl(X), \
  default: cbrt(X), \
  float: cbrtf(X) \
)
```

该宏与下列宏等效，但更易于阅读。

```
#define cbrt(X) _Generic((X), long double: cbrtl(X), default: cbrt(X), float: cbrtf(X))
```

在定义宏时，有一个危险之处：只要出现了宏名称，就会产生宏替换。例如，经过宏扩展之后，下列程序将无法编译：

```
#define foo (1 + 1)
void foo(int i);
```

原因在于翻译器从预处理器那里获得的 foo 的声明是无效的。

```
void (1 + 1)(int i);
```

可以通过在整个程序中始终遵循一种惯用法来解决这个问题，比如使用所有大写字母来定义宏名称，或在所有宏名称前加上助记符，就像在某些匈牙利命名法（Hungarian notation）中所做的那样。[①]

定义过宏之后，对其重新定义的唯一方法是先对该宏使用#undef 指令。一旦取消定义，该名称就不再代表宏。例如，表 9-6 所示的程序定义了一个函数式宏，包含使用该宏的头文件，然后又将宏定义取消了，以便随后再重新定义。

表 9-6   取消宏定义

源 文 件	生成的翻译单元

header.h
 	
`NAME(first)`
`NAME(second)`
`NAME(third)`
	`enum Names {`
	`  first,`
	`  second,`
	`  third,`
	`};`

file.c
 	
`enum Names {`
`#define NAME(X) X,`
`#include "header.h"`
`#undef NAME`
`};`
 	
`void func(enum Names Name) {`
`  switch (Name) {`
`#define NAME(X) case X:`
`#include "header.h"`
`#undef NAME`
`  }`
`}`
	`void func(enum Names Name) {`
	`  switch (Name) {`
	`    case first:`
	`    case second:`
	`    case third:`
	`  }`
	`}`

---

① **匈牙利命名法**是一种标识符命名约定，其中变量名或函数名表明其意图或种类，在某些方言中表示其类型。

先是在 Names 枚举中使用 NAME 宏声明了枚举器的名称。然后取消 NAME 宏的定义，接着在 switch 语句中对其重新定义，生成 case 标签。

一种常见的惯用法是在重新定义宏之前取消其原先的定义，如代码清单 9-4 所示。

代码清单 9-4　安全定义宏的惯用法

```
#undef NAME
#define NAME(X) X
```

即便标识符不是宏名称，取消宏定义也是安全的。无论 NAME 是否已经定义，上述做法都有效。

9.4.1　宏替换

函数式宏形似函数，但二者的行为并不相同。例如，宏允许使用源文件中的符号执行操作。不同于函数，我们可以使用宏创建新的变量名或引用宏所在的源文件和行号。当预处理器碰到宏名称时，会对宏进行扩展，使用宏定义指定（如果有的话）的替换列表中的记号将其替换。

对于函数式宏，预处理器会使用宏调用时指定的实参取代替换列表中与之对应的形参。替换列表中以#为前缀的形参会被替换为字符串字面量，其内容是对应实参的文本（该过程有时被称为**字符串化**）。表 9-7 中的 SRINGIZE 宏会被字符串化为 x 的值。

表 9-7　字符串化

源 文 件	生成的翻译单元
`#define STRINGIZE(x) #x` `const char *str = STRINGIZE(12);`	`const char *str = "12";`

预处理器还会删除替换列表中所有的预处理记号##，将##前后的内容拼接在一起，这称为**记号粘合**。表 9-8 中的 PASTE 宏通过拼接 foo、下划线（_）和 bar，创建出了一个新标识符。

表 9-8　记号粘合

源 文 件	生成的翻译单元
`#define PASTE(x, y) x ## _ ## y` `int PASTE(foo, bar) = 12;`	`int foo_bar = 12;`

将宏扩展之后，预处理器会重新扫描替换列表，对其中出现的宏再次进行扩展。如果在此过程（包括重新扫描替换列表中的嵌套宏扩展）中又发现了原先已经扩展过的宏名称，则不再对其进行二次扩展。而且，如果宏扩展产生的程序代码文本片段和某个预处理指令一样，则该片段不

会被视为预处理指令。

在宏扩展期间，替换列表中重复的形参名会被调用时提供的实参名替换多次。如果宏调用时指定的实参有副作用，则会产生意想不到的效果，如表 9-9 所示。这个问题详见 CERT C 规则 PRE31-C（Avoid side effects in arguments to unsafe macros，在不安全的宏中避免使用有副作用的参数）。

表 9-9   不安全的宏扩展

源 文 件	生成的翻译单元

`#define bad_abs(x) (x >= 0 ? x : -x)`
 	
`int func(int i) {`
`  return bad_abs(i++);`
`}`
	`int func(int i) {`
	`  return (i++ >= 0 ? i++ : -i++);`
	`}`

在表 9-9 的宏定义中，每一个宏的形参 x 的示例都会被调用该宏时指定的实参 i++ 替换，使得 i 被增加两次，程序员或源代码审阅人员很容易忽略这一点。替换列表中的形参 x 以及替换列表本身通常应该被放入圆括号内，就如((x) >= 0 ? (x) : -(x))这样，以避免实参的一部分与替换列表中的其他元素以出人意料的方式结合在一起。

还有一个有可能让人意想不到的地方是函数式宏调用中的逗号总是会被解释为宏参数分隔符。可用于初始化任意原子变量的 C 标准宏 ATOMIC_VAR_INIT 演示了这个危险之处，如表 9-10 所示，其中的代码无法被翻译，因为 ATOMIC_VAR_INIT({1, 2})中的逗号被视为函数式宏的参数分隔符，这使得预处理器将宏解释为两个语法错误的参数{1 和 2}，而不是单个合法参数{1,2}。[①]

表 9-10   ATOMIC_VAR_INIT 宏

源 文 件	生成的翻译单元

stdatomic.h
`#define ATOMIC_VAR_INIT(value) (value)`
 	
foo.c
`#include <stdatomic.h>`
 	
`struct S {`
`  int x, y;`
`};`
 	
`_Atomic struct S val = ATOMIC_VAR_INIT({1, 2});`
	`<error>`

① 这个可用性问题也是 ATOMIC_VAR_INIT 宏在 C17 中被弃用的原因之一。

9.4.2 泛型宏

C 语言并不能像 Java 和 C++等语言那样允许根据传入函数的参数类型重载函数。但是，有时候确实需要根据参数类型来改变算法的行为。例如，<math.h>提供了 3 个 sin 函数（sin、sinf 和 sinl），因为 3 种浮点类型（double、float 和 long double）各自有不同的精度。使用泛型选择表达式，可以定义一个类似于函数的标识符，在调用时根据参数类型委托给正确的底层实现。

泛型选择表达式可以将其未求值的操作数表达式类型映射到关联表达式。如果没有匹配的关联类型，则可以选择映射到默认表达式。可以使用**泛型宏**（包含泛型选择表达式的宏）来提高代码的可读性。表 9-11 定义了一个泛型宏，从<math.h>中选择正确的 sin 函数变体。

表 9-11 泛型宏

源 文 件	_Generic 解析结果

`#define sin(X) _Generic((X), \`
`  float: sinf, \`
`  double: sin, \`
`  long double: sinl \`
`)(X)`
 	
`int main(void) {`
`  float f = sin(1.5708f);`
`  double d = sin(3.14159);`
`}`
	`int main(void) {`
	`  float f = sinf(1.5708f);`
	`  double d = sin(3.14159);`
	`}`

不对泛型选择表达式中的控制表达式(x)求值，要根据该表达式的类型从 type : expr 映射列表中选择函数。泛型选择表达式会挑选一个函数指示符（sinf、sin 或 sinl），然后执行该函数。在本例中，第一次调用 sin 时的参数类型是 float，泛型选择因此被解析为 sinf。第二次调用 sin 时的参数类型是 double，这次被解析为 sin。因为这里的泛型选择表达式没有指定 default 映射，所以如果(x)的类型不匹配任何关联类型，就会出现错误。如果为泛型选择表达式加入了 default 映射，则能够匹配所有未关联的类型，包括始料未及的类型，比如指针或结构。

当结果值的类型就像表 9-11 中的 sin 函数那样依赖于宏的实参类型时，泛型宏扩展会难以使用。例如，调用 sin 宏并将结果赋给特定类型的对象，或将结果作为 printf 的参数，这都是错误的做法，因为必要的对象类型或格式化说明符取决于调用的是 sin、sinf 或 sinl 中的哪一个。用于数学函数的泛型宏示例可以在 C 标准库头文件<tgmath.h>中找到。

9.4.3 预定义宏

有些宏是由实现自动定义的，无须手动包含头文件。这些宏称为**预定义宏**，因为是由预处理器隐式定义而非程序员显式定义的。例如，C 语言标准定义了很多可用于查询编译环境或提供基本功能的宏。实现的其他一些方面（比如编译器或编译目标操作系统）也会自动定义宏。表 9-12 列出了 C 语言标准定义的一些常用宏。可以通过 Clang 或 GCC 的 -E -dM 标志获取预定义宏的完整列表。更多信息参见所用实现的文档。

表 9-12 预定义宏

宏 名 称	扩展结果和作用
__DATE__	预处理翻译单元的翻译日期，扩展结果为形如 *Mmm dd yyyy* 的字符串字面量
__TIME__	预处理翻译单元的翻译时间，扩展结果为形如 *hh:mm:ss* 的字符串字面量
__FILE__	字符串字面量，代表当前源文件的名称
__LINE__	整数常量，表示当前行的行号
__STDC__	整数常量，如果实现符合 C 语言标准，那么该值为 1
__STDC_HOSTED__	整数常量，如果该实现为托管式实现，那么值为 1；如果为独立式实现，则值为 0。这个宏由实现根据条件定义
__STDC_VERSION__	整数常量，表示编译器针对的 C 语言标准版本，比如代表 C17 标准的 201710L
__STDC_ISO_10646__	形如 *yyyymmL* 的整数常量。该宏由实现根据条件定义。如果有定义，那么 Unicode 所要求的每一个字符，当存储在 wchar_t 类型的对象中时，都与该字符的短标识符具有相同的值
__STDC_UTF_16__	整数常量，如果 char16_t 类型的值采用 UTF-16 编码，那么该值为 1。这个宏由实现根据条件定义
__STDC_UTF_32__	整数常量，如果 char32_t 类型的值采用 UTF-32 编码，那么该值为 1。这个宏由实现根据条件定义
__STDC_NO_ATOMICS__	整数常量，如果实现不支持原子类型（包括 _Atomic 类型限定符）和 <stdatomic.h> 头文件，则该值为 1。这个宏由实现根据条件定义
__STDC_NO_COMPLEX__	整数常量，如果实现不支持复数类型或 <complex.h> 头文件，则该值为 1。这个宏由实现根据条件定义
__STDC_NO_THREADS__	整数常量，如果实现不支持 <threads.h> 头文件，则该值为 1。这个宏由实现根据条件定义
__STDC_NO_VLA__	整数常量，如果实现不支持可变长度数组或可变修改类型，则该值为 1。这个宏由实现根据条件定义

9.5 小结

在本章中，你学习了预处理器提供的一些特性，以及如何在翻译单元中包含程序文本片段、根据条件编译代码和按需生成诊断信息。另外，你还掌握了如何定义宏和取消宏定义、如何调用宏以及由实现预定义的宏。

第 10 章将介绍如何将程序组织成多个翻译单元，以创建更易于维护的程序。

第 10 章

程序结构

现实世界中的系统是由多个组件组成的，比如源文件、头文件和库。很多系统还包含图像、声音、配置文件等资源。从更小的逻辑组件着手编写程序是一种良好的软件工程实践，因为这些组件要比单个大文件更容易管理。在本章中，你将学习如何将程序规划为由源文件和包含文件组成的多个单元。除此之外，你还会学到如何将多个对象文件链接在一起，创建库和可执行文件。

10.1　组件化原则

完全可以把整个程序全都写在单个源文件的 main 函数内。但是，随着函数逐渐变大，这种方法很快就变得难以管理。因此，将程序分解成跨共享边界或**接口**交换信息的组件集合是有意义的。将源代码组织成组件，不仅更容易理解，还允许在程序的其他地方，甚至是与其他程序共享代码。

要想理解如何以最佳方式分解程序通常需要经验。程序员做出的许多决定是由性能驱使的。例如，你可能需要最大限度地减少高延迟接口上的通信。或者，由客户端来处理用户界面的输入字段验证，这样便可以免去到服务器的往返时间。本节将介绍一些基于组件的软件工程的原则。

10.1.1　耦合和内聚

除了性能，结构良好的程序的目标是实现低耦合和高内聚等理想属性。**内聚性**是对编程接口元素之间的共性的度量。假设头文件公开了用于计算字符串长度、计算给定输入值的正切值以及创建线程的函数，那么该头文件就具有低内聚性，因为公开的这些函数彼此无关。相反，如果头文件公开的是用于计算字符串长度、拼接字符串以及在字符串中搜索子串的函数，则该头文件具有高内聚性，因为所有函数都是相关的。这样一来，如果需要处理字符串，那么只需包含字符串头文件即可。类似地，形成公共接口的相关函数和类型定义应该由同一个头文件公开，以提供有限功能的高内聚接口。10.1.3 节将进一步讨论公共接口。

耦合是对编程接口之间相互依赖性的一种度量。例如，紧密耦合的头文件不能被单独包含在程序中，相反，它必须以特定的顺序与其他头文件一起包含。我们可能出于各种原因耦合接口，比如对数据结构的相互依赖、函数之间的相互依赖或是使用了共享全局状态。但是当接口紧密耦合时，修改程序行为就会变得困难，因为改动会在整个系统中产生连锁反应。应该努力在接口组件之间保持松散耦合，无论其是公共接口成员还是程序实现细节。

通过将程序逻辑分离成不同的高内聚组件，可以更容易地思考这些组件和测试程序（因为能够独立验证每个组件的正确性）。最终的结果就是一个更容易维护、错误更少的系统。

10.1.2　代码复用

代码复用是只实现一次功能，然后在程序的各个部分复用该实现而不再复制代码的做法。重复的代码会导致不易察觉的意外行为、过大且臃肿的可执行文件以及维护成本的上升。说到底，同样的代码何必编写多次？

函数是最低层的功能复用单元。任何有可能重复多次的逻辑都可以考虑封装成函数。如果功能只有细小的差别，那么通常可以通过函数参数实现多种目的。每个函数的功能都不应该与其他函数重复。然后，就可以组合多个函数，解决日益复杂的问题了。

将可复用的逻辑封装成函数可以提高可维护性并消除缺陷。例如，尽管可以编写一个简单的 for 循环来确定以空字符终止的字符串的长度，但是使用 C 标准库中的 strlen 函数更易于维护。这是因为比起 for 循环，其他程序员已经熟悉了 strlen 函数，他们更容易理解这个函数的作用。此外，如果你复用现有的功能，那么与临时实现相比，引入行为差异的可能性比较小，而且更容易用效果更好的算法或更安全的实现对该功能做全局替换。

在设计函数接口时，必须在**通用性**（generality）和**特定性**（specificity）之间取得平衡。特定于当前需求的接口也许精简高效，但如果需求发生改变，就难以修改了。通用接口能够满足未来的需求，但对于眼前的需求则比较麻烦。

10.1.3　数据抽象

数据抽象是一种可复用的软件组件，可以清晰地分离抽象的公共接口和实现细节。每种数据抽象的**公共接口**包括数据抽象用户所需的数据类型定义、函数声明和常量定义，并被放置在头文件中。数据抽象的**实现细节**以及私有工具函数被隐藏于源文件或与公共接口头文件位于不同位置的其他头文件中。分离公共接口与私有实现的做法，允许在不破坏依赖于组件的代码的情况下修改实现细节。

头文件通常包含组件的函数声明和类型定义。例如，C 标准库<string.h>提供了字符串相关功能的公共接口，而<threads.h>提供了线程化相关的工具函数。这种逻辑上的分离具有低耦合和高内聚特性。该方法可以更轻松地仅访问你需要的特定组件，减少了编译时间和名称冲突的可能性。如果只需要 strlen 函数，则无须了解关于线程 API 的任何信息。

还有一个要考虑的问题是，是否应该明确包含头文件所需的头文件，或者要求头文件用户先包含它们。就创建数据抽象而言，头文件最好自成一体，并包括自身用到的头文件。如果不这样做，则会增加数据抽象用户的负担，而且还会泄露数据抽象的实现细节。本书中的例子并不总是遵循这种做法，目的是为了保持文件的简洁性。

源文件实现了特定头文件声明的功能或是执行了特定应用程序所需的某种操作的逻辑。如果你有一个描述网络通信公共接口的头文件 network.h，那么可能还有一个实现网络通信逻辑的源文件 network.c（或仅适用于 Windows 的 network_win32.c 和仅适用于 Linux 的 network_linux.c）。

两个源文件可以使用头文件来共享实现细节，但是该头文件应该放在与公共接口不同的位置，以免意外地暴露实现细节。

集合是数据抽象的一个好例子，它将基本功能与实现或底层数据结构相互分离。集合代表一组数据元素，支持各种操作，比如向集合添加元素、从集合删除元素以及检查集合是否包含特定元素。实现集合的方法有很多种。例如，集合可以表示为扁平化数组（flat array）、二叉树、有向（可能是非循环的）图或其他结构。数据结构的选择会影响算法的性能，具体取决于要表示的数据种类和数据量。例如，对于需要有良好查找性能的大量数据，二叉树可能是更好的抽象；而对于固定大小的少量数据，扁平化数组可能更适合。将集合数据抽象的接口与底层数据结构的实现分离，允许在改变实现的同时而不修改依赖于集合接口的代码。

10.1.4 不透明类型

当与隐藏信息的不透明数据类型一起使用时，数据抽象是最有效的。在 C 语言中，**不透明（或私有）数据类型**是那些使用不完整类型表示的数据类型，比如向前声明的结构类型。**不完整类型**是一种描述了标识符，但缺少确定该类型对象大小或布局所需信息的类型。隐藏仅供内部使用的数据结构会阻止使用数据抽象的程序员编写依赖于实现细节（可能会变化）的代码。不完整的类型会向数据抽象的用户公开，而完全定义的类型则只能由实现访问。

假设我们想实现一个支持有限数量操作的集合，比如添加元素、删除元素和搜索元素。下面的例子将 collection_type 实现为不透明类型，向库用户隐藏了该数据类型的实现细节。为此，我们创建了两个头文件：由数据类型用户包含的外部头文件 collection.h 和仅由实现数据类型功能的文件包含的内部文件。

在外部头文件 collection.h 中，collection_type 数据类型被定义为 struct collection_type 的实例，后者是一个不完整类型。

```
typedef struct collection_type collection_type;
// 函数声明
extern errno_t create_collection(collection_type **result);
extern void destroy_collection(collection_type *col);
extern errno_t add_to_collection(collection_type *col, const void *data, size_t byteCount);
extern errno_t remove_from_collection(collection_type *col, const void *data, size_t byteCount);
extern errno_t find_in_collection(const collection_type *col, const void *data,
  size_t byteCount);
//---snip---
```

collection_type 标识符是 struct collection_type（不完整类型）的别名。因此，公开接口中的函数必须接受指向该类型的指针，而不是实际的值，原因在于 C 语言对不完整类型的使用限制。

在内部头文件中，struct collection_type 有完整定义，但对于数据抽象用户不可见。

```
struct node_type {
  void *data;
  size_t size;
  struct node_type *next;
};

struct collection_type {
  size_t num_elements;
  struct node_type *head;
};
```

实现抽象数据类型的模块包含外部定义和内部定义，而数据抽象用户只包含外部头文件 collection.h。collection_type 数据类型的实现因此得以保持私有。

10.2　可执行文件

如第 9 章所述，编译过程由多个翻译阶段组成，编译器的最终输出是目标代码。翻译的最后阶段（称为**链接阶段**）会获取程序中所有翻译单元的目标代码并将其链接在一起，形成最终的可执行文件。这可以是用户能够运行的可执行文件（如 a.out 或 foo.exe）、库或更专业的程序，比如设备驱动程序或固件映像（烧录在 ROM 中的机器代码）。链接允许将代码分散在可以独立编译的多个源文件中，这有助于构建可复用组件。

作为可执行组件，**库**无法独立执行。可以将库并入可执行程序。通过在源代码中包含库的头文件并调用其中声明的函数，就可以使用该库提供的各种功能。C 标准库就是这样的一个例子：你可以包含标准库的头文件，但无须直接编译实现库功能的源代码。相反，实现已经自带了库代码的预构建版本。库允许在其他人的工作基础上构建程序的通用组件，这样你就可以专注于开发程序独有的逻辑了。例如，在编写电子游戏时，复用现有的库能让你将注意力集中于开发游戏逻辑，不用关心检索用户输入、网络通信或图形渲染的细节。库通常允许一个编译器生成的程序使用另一个编译器生成的代码。

与应用程序链接的库既可以是静态库，也可以是动态库。**静态库**（也称为归档）可以将机器或目标代码直接并入最终的可执行文件，这意味着静态库往往与程序的特定发行版捆绑在一起。因为静态库是在链接期间合并的，所以可以针对程序对库的使用，进一步优化静态库的内容。程序用到的库代码可用于链接时优化，而未用到的库代码则可以从最终的可执行文件中剥离。

动态库（也称为共享库或动态共享对象）是没有启动例程的可执行文件。它可以与可执行文件打包在一起或单独安装，但在可执行文件调用动态库提供的函数时必须可用。很多现代操作系统会将动态库代码一次性载入内存，在有需要的应用程序之间共享。在部署过应用程序之后，可以根据需要将动态库替换成不同的版本。库与程序分离既有好处，也有风险。例如，开发人员可以在应用程序发布之后修复库中的 bug，无须重新编译应用程序。然而，动态库同样给恶意攻击者提供了"狸猫换太子"的潜在机会，最终用户也可能不小心使用了错误版本的库。如果新版本的库做出了**重大改动**，那么也许会造成与使用旧版本库的应用程序不兼容。静态库的执行速度可能会快一些，因为其目标代码（二进制）已经存在于可执行文件中了。一般来说，使用动态库还是利大于弊。

每个库都有一个或多个包含库的公共接口的头文件，以及一个或多个用于实现库的逻辑的源文件。即使组件没有转化成实际的库，将代码组织成一系列库也是有好处的。如果使用了实际的库，则很难意外地设计出一个紧密耦合的接口，这要求一个组件对另一个组件的内部细节有具体的了解。

10.3 链接

链接（linkage）是一种过程，用于控制接口是公开的还是私有的，并决定两个标识符是否引用相同的实体。C 语言提供了 3 种链接：外部链接、内部链接和无链接。如果一个声明具有**外部链接**，那么引用该声明的标识符在程序中的任何地方指向的都是同一个实体（比如函数或对象）。

如果一个声明具有**内部链接**，则引用该声明的标识符仅在此声明所处的翻译单元中引用同一个实体。如果两个翻译单元中出现相同的内部链接标识符，那么两者引用的就是不同的实体。如果一个声明**无链接**，则在翻译单元中的每一次出现引用的都是全新的实体。

声明的链接可以是显式指定，也可以是隐式指定。如果在文件范围内声明了标识符，但没有明确指定 extern 或 static，则该标识符会被隐式赋予外部链接。无链接的标识符包括函数参数、没有使用 extern 存储类说明符声明的块作用域标识符和枚举常量。

代码清单 10-1 展示了每种链接的声明示例。

代码清单 10-1   外部链接、内部链接和无链接示例

```
static int i; // 显式声明 i 为内部链接
extern void foo(int j) {
  // 显式声明 foo 为外部链接
  // 因为 j 是函数参数，所以无链接
}
```

如果在文件作用域中使用 static 存储类说明符显式声明一个标识符，则该标识符具有内部链接。static 关键字仅赋予文件范围的标识符内部链接。在块作用域中使用 static 声明的标识符无链接，但是会赋予变量静态存储期。提醒一下，静态存储期意味着变量的生命期是程序的整个执行过程，变量的值仅在程序启动前被初始化一次。static 在不同的上下文中有不同的含义，这显然令人困惑，因此也成为面试中常见的问题。

可以在声明时使用 extern 存储类说明符来创建具有外部链接的标识符。这仅适用于先前从未声明过该标识符的链接，否则，extern 存储类说明符无效。

声明存在链接冲突的标识符会导致未定义的行为，更多信息参见 CERT C 规则 DCL36-C（Do not declare an identifier with conflicting linkage classifications，不要声明存在链接冲突的标识符）。

表 10-1 展示了具有隐式链接和显式链接的声明。

表 10-1   隐式链接和显式链接示例

隐式链接和显式链接

foo.c

```
void func(int i) { // 隐式外部链接
  // i 无链接
}
static void bar(void); // 内部链接。不同于 bar.c 中的 bar
extern void bar(void) {
  // bar 仍是内部链接，因为其在最初的声明中为 static，本例中的 extern 说明符无效
}
```

（续）

bar.c

```
extern void func(int i); // 显式外部链接

static void bar(void) { // 内部链接。不同于 foo.c 中的 bar
  func(12); // 调用 foo.c 中的 func
}
int i; // 外部链接。不会与 foo.c 或 bar.c 中的 i 冲突
void baz(int k) { // 隐式外部链接
  bar(); // 调用 bar.c 而非 foo.c 中的 bar
}
```

公共接口中的标识符应该具有外部链接，以便在其翻译单元之外被调用，而实现细节中的标识符应该具有内部链接或无链接。实现这一点的常见方法是在头文件中使用或不使用 extern 存储类说明符声明公共接口函数（声明隐式地具有外部链接，但是显式地使用 extern 进行声明也没有害处），并以类似的方式在源文件中定义公共接口函数。

但是在源文件中，属于实现细节的所有声明都应该显式地声明为 static，以保持其私有性，只能在该源文件访问。可以使用#include 预处理器指令在头文件中包含声明过的公共接口，以便从另一个文件对其进行访问。一个不错的经验法则是，应该将无须在文件外部可见的文件范围标识符声明为 static。这种做法抑制了全局命名空间污染，降低了翻译单元之间发生意外交互的可能性。

10.4 组织一个简单的程序

为了学习如何组织复杂的真实程序，可以先开发一个简单的程序，判断一个数是否是质数。**质数**是大于 1 的自然数，不能由两个较小的自然数相乘得到。我们将编写两个独立的组件：一个是包含测试功能的静态库，另一个是为该库提供用户界面的命令行应用程序。

primetest 程序接受以空白字符分隔的整数列表作为输入，并会输出每个值是否为质数。如果有任何输入不合法，则程序会输出帮助信息，解释如何使用该界面。

在研究如何组织程序之前，先来检查一下用户界面。首先，打印出命令行程序的帮助信息，如代码清单 10-2 所示。

代码清单 10-2 打印帮助信息

```
// 打印命令行帮助信息
static void print_help(void) {
  printf("%s", "primetest num1 [num2 num3 ... numN]\n\n");
  printf("%s", "Tests positive integers for primality. Supports testing ");
  printf("%s [2-%llu].\n", "numbers in the range", ULLONG_MAX);
}
```

print_help 函数由 3 个 printf 函数调用组成，用于向标准输出打印命令用法的帮助信息。

接下来，因为命令行参数被作为文本输入传给了程序，所以我们定义了一个工具函数，将其转换为整数值，如代码清单 10-3 所示。

代码清单 10-3　转换单个命令行参数

```
// 将字符串参数 arg 转换为 val 所引用的 unsigned long long 类型值。
// 如果转换成功，就返回 true；否则，返回 false
static bool convert_arg(const char *arg, unsigned long long *val) {
  char *end;

  // strtoll 会返回带内 (in-band) 错误提示器。在调用之前清除 errno
  errno = 0;
  *val = strtoll(arg, &end, 10);

  // 根据调用的返回值以及 errno 检查错误
  if ((*val == ULLONG_MAX) && errno) return false;
  if (*val == 0 && errno) return false;
  if (end == arg) return false;

  // 如果程序运行到此处，那么说明能够转换该参数。
  // 但是，我们希望只允许大于 1 的值，所以要将小于或等于 1 的值排除
  if (*val <= 1) return false;
  return true;
}
```

convert_arg 函数接受字符串参数作为输入，并使用输出参数来报告转换后的输入参数（**输出参数**通过参数而不是返回值将函数结果返回给调用者，允许返回多个值）。如果参数转换成功，那么函数就返回 true；如果失败，则返回 false。convert_arg 函数使用 strtoull 函数将字符串转换为 unsigned long long 类型的整数值并妥当地处理转换错误。另外，因为质数的定义不包括 0、1 和负数，所以 convert_arg 函数会将这些值视为非法输入。

如代码清单 10-4 所示，我们在 convert_command_line_args 函数中用到了 convert_arg 工具函数，该函数会遍历所有的命令行参数，尝试将它们从字符串转换为整数。

代码清单 10-4　处理所有的命令行参数

```
static unsigned long long *convert_command_line_args(int argc,
                                                     const char *argv[],
                                                     size_t *num_args) {
  *num_args = 0;

  if (argc <= 1) {
    // 未指定命令行参数（第一个参数是所执行程序的名称）
    print_help();
    return NULL;
  }
```

```
// 我们清楚用户传入了多少个参数，因此会分配一个
// 足以容纳所有元素的数组（不包括程序名称本身）。
// 如果无法分配数组，则将其视为转换失败（调用 free(NULL) 是没问题的）
unsigned long long *args =
    (unsigned long long *)malloc(sizeof(unsigned long long) * (argc - 1));
bool failed_conversion = (args == NULL);
for (int i = 1; i < argc && !failed_conversion; ++i) {
  // 尝试将参数转换为整数。
  // 如果无法转换，则将 failed_conversion 设置为 true
  unsigned long long one_arg;
  failed_conversion |= !convert_arg(argv[i], &one_arg);
  args[i - 1] = one_arg;
}

if (failed_conversion) {
  // 释放数组，打印帮助信息，然后退出
  free(args);
  print_help();
  return NULL;
}

*num_args = argc - 1;
return args;
}
```

如果有任何参数转换失败，就调用 print_help 函数为用户输出正确的命令行用法，然后返回一个空指针。该函数负责分配足够大的缓冲区来保存整数数组。此外，它还处理所有错误情况，比如内存不足或无法转换参数。如果 convert_arg 函数调用成功，则会向调用者返回一个整数数组并将转换的参数数量写入 num_args 参数。返回的数组已分配存储空间，当不再需要时必须将其释放。

有几种方法可以判断一个数是否为质数。对于值 N，最简单的方法是测试其是否能被 $[2...N{-}1]$ 整除。随着 N 的值变大，这种方法的性能表现不佳。我们将从众多专门测试质数的算法中挑选一种。代码清单 10-5 展示了 Miller-Rabin 质数判定法的非确定性实现，该算法适用于快速检验一个值是否可能为质数（Schoof，2008）。Miller-Rabin 质数判定法背后的数学原理解释参见 Schoof 的论文。

代码清单 10-5 Miller-Rabin 质数判定法

```
static unsigned long long power(unsigned long long x, unsigned long long y,
                                unsigned long long p) {
  unsigned long long result = 1;
  x %= p;

  while (y) {
    if (y & 1) result = (result * x) % p;
    y >>= 1;
```

```
    x = (x * x) % p;
  }
  return result;
}

static bool miller_rabin_test(unsigned long long d, unsigned long long n) {
  unsigned long long a = 2 + rand() % (n - 4);
  unsigned long long x = power(a, d, n);

  if (x == 1 || x == n - 1) return true;

  while (d != n - 1) {
    x = (x * x) % n;
    d *= 2;

    if (x == 1) return false;
    if (x == n - 1) return true;
  }

  return false;
}
```

Miller-Rabin 质数判定法的接口是代码清单 10-6 中所示的 is_prime 函数。该函数接受两个参数：要测试的数字（n）和执行测试的次数（k）。k 值越大，结果越精确，性能反而越差。我们将把代码清单 10-5 中的算法以及 is_prime 函数放入静态库，后者会提供该库的公共接口。

代码清单 10-6   Miller-Rabin 质数判定法的接口

```
bool is_prime(unsigned long long n, unsigned int k) {
  if (n <= 1 || n == 4) return false;
  if (n <= 3) return true;

  unsigned long long d = n - 1;
  while (d % 2 == 0) d /= 2;

  for (; k != 0; --k) {
    if (!miller_rabin_test(d, n)) return false;
  }
  return true;
}
```

最后，需要将这些工具函数组合成程序。代码清单 10-7 给出了 main 函数的实现。它使用固定次数的 Miller-Rabin 质数判定法测试并报告输入值可能为质数还是绝对不为质数，另外还负责释放由 convert_command_line_args 函数分配的内存。

代码清单 10-7   main 函数

```
int main(int argc, char *argv[]) {
  size_t num_args;
```

```
unsigned long long *vals = convert_command_line_args(argc, argv, &num_args);

if (!vals) return EXIT_FAILURE;

for (size_t i = 0; i < num_args; ++i) {
  printf("%llu is %s.\n", vals[i],
         is_prime(vals[i], 100) ? "probably prime" : "not prime");
}

free(vals);
return EXIT_SUCCESS;
}
```

main 函数调用 convert_command_line_args 函数将命令行参数转换为 unsigned long long 类型的整数数组。对于该数组中的每个参数，程序循环调用 is_prime 函数，使用 Miller-Rabin 质数判定法测试其是否为质数。

现在，我们已经实现了程序逻辑，接下来要生成所需的构建工件。我们的目标是创建一个包含 Miller-Rabin 质数判定法实现以及命令行应用程序驱动程序的静态库。

10.5 构建代码

使用代码清单 10-5 和代码清单 10-6（依此顺序）创建新文件 isprime.c，在文件顶部为 isprime.h 和<stdio.h>添加#include 指令。头文件名两侧的引号和尖括号很重要，用于告诉预处理器去哪里搜索这些文件（参见第 9 章）。接下来，使用代码清单 10-8 创建头文件 isprime.h，为静态库提供公共接口，其中还加入了头文件保护功能。

代码清单 10-8 静态库的公共接口

```
#ifndef PRIMETEST_IS_PRIME_H
#define PRIMETEST_IS_PRIME_H

#include <stdbool.h>

bool is_prime(unsigned long long n, unsigned k);

#endif // PRIMETEST_IS_PRIME_H
```

使用代码清单 10-2、代码清单 10-3、代码清单 10-4 和代码清单 10-7（依此顺序）创建新文件 driver.c，在该文件顶部为 isprime.h、<assert.h>、<errno.h>、<limits.h>、<stdbool.h>、<stdio.h>和<stdlib.h>添加#include 指令。本例中的 3 个文件（isprime.c、isprime.h 和 driver.c）全都位于相同的目录，但在真实项目中，取决于特定构建系统的约定，可能会将它们放入不同的目录。创建本地目录 bin，本例中的构建工件将在这里创建。

使用 Clang 创建静态库和可执行程序，不过 GCC 和 Clang 都支持本例中的命令行参数，用哪个编译器都行。首先将两个 C 源文件编译成对象文件，置于 bin 目录中。

```
% clang -c -std=c17 -Wall -Wextra -pedantic -Werror isprime.c -o bin/isprime.o
% clang -c -std=c17 -Wall -Wextra -pedantic -Werror driver.c -o bin/driver.o
```

如果执行该命令时出现类似于下面的错误：

```
unable to open output file 'bin/isprime.o': 'No such file or directory'
```

就创建本地目录 bin，然后再重新执行命令。-c 选项告诉编译器将源文件编译成对象文件，不调用链接器生成可执行文件。需要使用对象文件创建库。-o 选项指定了输出文件的路径名。

执行过命令之后，bin 目录中应该包含两个对象文件：isprime.o 和 driver.o。这两个文件包含每个翻译单元的目标代码。可以直接将二者链接起来，创建可执行程序。但在本例中，要创建的是静态库（出于历史原因，也叫作*归档*）。为此，执行 ar 命令，在 bin 目录中生成静态库 libPrimalityUtilities.a。

```
% ar rcs bin/libPrimalityUtilities.a bin/isprime.o
```

r 选项告诉 ar 命令使用新文件替换归档中任何已有的文件，c 选项用于创建归档，s 选项将对象文件索引写入归档（等同于执行 ranlib 命令）。这将创建一个归档文件，其结构允许检索用于创建该归档文件的原始对象文件，类似于压缩过的 tarball 或 ZIP 文件。按照惯例，Linux 系统中的静态库以 lib 为前缀，文件扩展名为.a。

现在可以将驱动程序的对象文件与 libPrimalityUtilities.a 静态库链接，生成可执行文件 primetest 了。这可以通过调用不带-c 选项的编译器（以适合的参数调用系统默认的链接器）或直接调用链接器来实现。下列命令会调用编译器，使用系统默认的链接器。

```
% clang bin/driver.o -Lbin -lPrimalityUtilities -o bin/primetest
```

-L 选项告诉链接器在本地 bin 目录中查找用于链接的库，-l 选项告诉链接器要链接的库是 libPrimalityUtilities.a。命令行参数中省略了 lib 前缀和.a 后缀，因为链接器会隐式添加它们。要想链接到 libm 数学库，只需指定-lm 作为链接目标即可。和编译源文件一样，使用-o 选项指定链接后的文件。

现在可以测试程序，看看给定的值可能是质数还是绝非质数。一定要试试负数、已知的质数和非质数，以及不正确的输入，如代码清单 10-9 所示。

代码清单 10-9 使用示例输入测试 primetest 程序

```
% ./bin/primetest 899180
899180 is not prime
% ./bin/primetest 8675309
8675309 is probably prime
% ./bin/primetest 0
primetest num1 [num2 num3 ... numN]

Tests positive integers for primality. Supports testing numbers in the range
[2-18446744073709551615]
```

8 675 309 确实是质数。

10.6 小结

在本章中，你知道了松耦合和高内聚、数据抽象以及代码复用的好处。此外，你还学习了相关的语言构件，比如不透明的数据类型和链接，以及在项目中组织代码的一些最佳实践，并看到了用不同类型的可执行组件构建简单程序的示例。

第 11 章将讲解用于创建高质量系统的工具和技术，包括断言、调试、测试、静态分析和动态分析。

第 11 章

调试、测试和分析

　　本章描述了编写正确、高效、安全、可靠和稳健的程序所需的工具和技术，包括静态（编译期）断言和运行期断言、调试、测试、静态分析和动态分析。除此之外，本章还讨论了在软件开发过程的各个阶段推荐使用的编译器选项。

11.1　断言

　　可以使用**断言**（assertion）来验证在程序实现期间所做的特定假设仍然有效。断言是一个具有布尔值（称为**谓词**）的函数，表达了关于程序的逻辑命题。C 语言支持静态断言和运行期断言，前者可以在编译期间使用 static_assert 检查，后者可以在程序执行期间使用 assert 检查。assert 宏和 static_assert 宏都是在头文件<assert.h>中定义的。

11.1.1　静态断言

　　可以使用 static_assert 宏按照下列形式表达**静态断言**。

```
static_assert(integer-constant-expression, string-literal);
```

　　如果整数常量表达式 integer-constant-expression 不为 0，则 static_assert 声明无效。如果整数常量表达式为 0，那么编译器会生成诊断消息，其内容由字符串字面量 string-literal 指定。

　　可以使用静态断言在编译期间验证假设，比如由实现定义的特定行为。这类行为的任何变化都会在编译期间被诊断出来。

　　来看 3 个使用静态断言的例子。首先，在代码清单 11-1 中，使用 static_assert 验证 struct

packed 是否缺少填充字节。

代码清单 11-1 使用 static_assert 验证结构是否缺少填充字节

```
#include <assert.h>

struct packed {
  unsigned int i;
  char *p;
};

static_assert(
  sizeof(struct packed) == sizeof(unsigned int) + sizeof(char *),
  "struct packed must not have any padding"
);
```

在本例中，静态断言的谓词会验证 struct packed 的大小是否与 unsigned int 和 char *的大小之和相等。因为静态断言属于声明，所以可以在文件范围内出现，紧跟在它断言其属性的结构定义之后。

接下来，代码清单 11-2 中所示的 clear_stdin 函数调用 getchar 函数从 stdin 中读取字符，直至文件结束。以 unsigned char 类型获取的每个字符均被转换为 int 类型。常见的做法是在 do...while 循环中将 getchar 函数返回的字符与 EOF 进行比较，确定何时读取了所有可用的字符。为了使该循环正确工作，终止条件必须能够区分字符和 EOF。然而，C 语言标准允许 unsigned char 和 int 具有相同的取值范围，这意味着在某些实现中，对 EOF 的测试可能存在误报，在这种情况下，do...while 循环可能提前终止。因为这种情况并不多见，所以可以使用 static_assert 验证 do...while 循环是否能够正确区分有效字符和 EOF。

代码清单 11-2 使用 static_assert 验证整数大小

```
#include <assert.h>
#include <stdio.h>
#include <limits.h>

void clear_stdin(void) {
  int c;

  do {
    c = getchar();
    static_assert(UCHAR_MAX < UINT_MAX, "FIO34-C violation");
  } while (c != EOF);
}
```

在本例中，静态断言验证 unsigned char 的最大值 UCHAR_MAX 是否小于 unsigned int 的最大值 UINT_MAX。静态断言被放在依赖该假设成立的代码附近，这样便于在假设不成立时找到需要修复的代码。因为静态断言是在编译期间求值的，所以将其和可执行代码放在一起不会影响程序的运行期效率。关于该话题的更多信息参见 CERT C 规则 FIO34-C（Distinguish between characters read from a file and EOF or WEOF，区分从文件中读取的字符和 EOF/WEOF）。

最后，在代码清单 11-3 中，使用 static_assert 在编译期间执行边界检查。下列代码片段使用 strcpy 将常量字符串 prefix 复制到静态分配的数组 str。静态断言确保 str 有足够的空间来存储至少一个额外的字符，用于 strcpy 调用之后的错误代码。

代码清单 11-3　使用 static_assert 执行边界检查

```
static const char prefix[] = "Error No: ";
#define ARRAYSIZE 14
char str[ARRAYSIZE];

// 确保 str 有足够的空间来存储至少一个额外的字符，用于错误代码
static_assert(
  sizeof(str) > sizeof(prefix),
  "str must be larger than prefix"
);
strcpy(str, prefix);
```

如果开发人员在维护期间减少了 ARRAYSIZE 的大小，或是将前缀字符串改为"Error Number: "，则假设可能会不成立。如果加入了静态断言，那么维护人员就会被警告这个问题。记住，字符串字面量是给开发人员或维护人员准备的，而不是让系统的最终用户看的。这只是为了提供有用的调试信息。

11.1.2　运行期断言

assert 宏会将运行期诊断测试插入程序中。该宏在头文件<assert.h>中定义，接受一个标量表达式（scalar expression）作为参数。

```
#define assert(scalar-expression) /* 由实现定义 */
```

该宏是由实现定义的。如果标量表达式为 0，那么宏扩展通常会向标准错误流 stderr 写入失败调用的相关信息（包括参数文本、源文件名__FILE__、源文件中的行号__LINE__和外围函数名__func__）。将这些信息写入 stderr 之后，assert 宏会调用 abort 函数。

代码清单 11-4 中显示的 dup_string 函数会使用运行期断言检查 size 参数是否小于或等于 LIMIT，以及 str 是否不为空指针。

代码清单 11-4　使用 assert 验证程序条件

```
void *dup_string(size_t size, char *str ) {
  assert(size <= LIMIT);
  assert(str != NULL);
  //---snip---
}
```

上述断言的消息类似于下列形式。

```
Assertion failed: size <= LIMIT, function dup_string, file foo.c, line 122.
Assertion failed: str != NULL, function dup_string, file foo.c, line 123.
```

隐含的假设是调用者在调用 dup_string 之前验证参数，这样就不会用无效参数调用函数了。然后使用运行期断言在开发和测试阶段验证这一假设。

断言的谓词表达式通常会在失败的断言消息中出现，这允许对字符串字面量使用&&，配合断言谓词在断言失败时生成额外的调试信息。这样做总是安全的，因为 C 语言中的字符串字面量绝不会有空指针值。例如，可以重写代码清单 11-4 中的断言，功能保持不变，但是在断言失败时提供额外的上下文信息，如代码清单 11-5 所示。

代码清单 11-5　使用带有额外的上下文信息的 assert

```
void *dup_string(size_t size, char *str ) {
  assert(size <= LIMIT && "size is larger than the expected limit");
  assert(str != NULL && "the caller must ensure str is not null");
  //---snip---
}
```

在部署代码之前，应该通过定义 NDEBUG 宏（通常作为标志传给编译器）来禁用断言。如果在源文件中包含<assert.h>的位置定义了 NDEBUG 宏，则 assert 宏的定义如下所示。

```
#define assert(ignore) ((void)0)
```

宏不扩展为空的原因在于，如果这么做了，那么下列代码：

```
assert(thing1) // 缺失分号
assert(thing2);
```

会在发布模式而非调试模式中编译。之所以扩展为((void) 0)而不是单纯的 0，是因为这样可以避免对没有效果的语句发出警告。每次包含<assert.h>时，assert 宏都会根据 NDEBUG 的当前状态重新定义。

使用静态断言来检查能够在编译期间检查的假设，使用运行期断言在测试时检测不成立的假设。因为运行期断言在部署前通常会被禁用，所以应避免使用它们来检查在正常操作中可能出现的下列情况。

- 无效输入。
- 错误地打开、读取或写入流。
- 动态分配函数出现的内存不足情况。
- 系统调用错误。
- 无效权限。

应该将这些检查作为普通的错误检查代码实现，始终包含在可执行文件中。断言只能用于验证代码中设计的前置条件、后置条件和不变量（编程错误）。

11.2　编译器设置和选项

编译器通常默认不启用优化或安全加固。可以使用构建选项自行启用优化、错误检测以及安全加固（Weimer，2018）。在描述完如何以及为什么要使用编译选项之后，11.2.1 节和 11.2.2 节将推荐一些适用于 GCC、Clang 和 Visual C++的选项。

应该根据要完成的目标选择构建选项。软件开发的不同阶段需要不同的构建选项。

- **分析**　分析阶段要做的是尝试编译代码。在这个阶段处理大量的诊断信息看似很麻烦，但远好过通过调试和测试来找出这些问题，或者直到代码发布后才暴露出来。在此阶段，应该把能用的编译器诊断选项全都打开，尽可能多地消除缺陷。
- **调试**　调试阶段要做的是搞明白为什么代码不管用，所以应该使用相关编译选项，加入调试信息、发挥断言的作用、运行期插桩（runtime instrumentation）来检查错误，以及加快不可避免的"编辑–编译–调试"周期的运转时间。
- **测试**　在测试阶段，你可能希望禁用除符号名之外的调试信息，以便在程序崩溃时更好地跟踪栈，同时保持断言启用。你可能还想测试优化过的构建。这些设置也可以在产品的测试版中使用，帮助隔离测试期间发现的缺陷。
- **验收测试/部署**　最后一个阶段是构建部署到操作环境的代码。在部署系统之前，确保充分测试过构建配置，因为使用不同的编译选项可能会引发新的缺陷，例如，运行优化代码所产生的时序效应（timing effect）。

11.2.1　GCC 和 Clang

表 11-1 列出了适用于 GCC 和 Clang 的推荐编译器选项和链接器选项，以及这两种编译器之

间的差异。可以在 GCC 手册和 Clang Compiler User's Manual 中找到编译器选项的相关文档。

表 11-1　适用于 GCC 和 Clang 的推荐编译器选项和链接器选项

选　　项	作　　用
-D_FORTIFY_SOURCE=2	检测运行期缓冲区溢出
-fpie -Wl,-pie	用于为可执行文件启用完整的 ASLR
-fpic -shared	禁止共享库的代码重定位[①]
-g3	生成冗余的调试信息
-O2	优化代码以提高速度/空间效率
-Wall	启用推荐的编译器警告
-Werror	将警告变成错误
-std=c17	指定语言标准
-pedantic	发出警告，要求严格遵守标准

1. -O

大写字母-O 选项可以控制**编译器优化**。大多数优化在-O0 级别或未在命令行上指定-O 级别时是被禁用的。如果禁用优化，那么编译器会尝试加快编译速度并简化调试。-Og 级别优化了代码调试，取消了许多优化过程，对生成可调试代码来说，这是比-O0 更好的选择。

当你准备好部署应用程序或是提交应用程序进行验收测试时，会想要优化代码。启用优化会指示编译器以编译时间和调试能力为代价，提高应用程序性能或代码大小。-O2 级别会执行大部分不涉及空间-速度权衡的优化，一般推荐用于生产级代码。FORTIFY_SOURCE 要求-O2 或更高的优化级别。还有一个-O3 优化级别，可能会提高生成的可执行文件的速度，但也会增加该文件的大小。

最初编译代码时（例如，在分析阶段），你可能希望使用-O2 选项来启用诊断，这些诊断仅在使用 GCC 进行构建时针对优化的构建执行。不要在分析阶段启用净化（sanitization，11.6 节会讨论），因为注入的运行期插桩会导致误报。

-O1 级别会执行快速优化，不会明显增加构建时间，可能有助于测试。

2. -glevel

-glevel 选项以操作系统的原生格式生成调试信息。可以通过设置 *level* 来指定生成的信息量。默认等级是-g2。3 级（-g3）包含额外信息，比如程序中所有的宏定义。3 级还允许在提供相关支持的调试器中扩展宏。

---

① 生成适用于共享库的位置无关代码（position-independent code，PIC）。——译者注

3. -Wall

-Wall 选项会启用一组有用的警告标志，但并不是所有。也可以指定-Wextra 来启用-Wall 未启用的其他警告。

4. -Werror

-Werror 选项会将所有的警告转换为错误，要求你在开始调试之前解决它们。这个选项只是为了鼓励良好的编程纪律。

5. -std=flag

-std=选项可用于将语言标准指定为 C89、C90、C99、C11、C17 或 C2x。对于 GCC，如果没有给出 C 语言方言选项，则默认值为-std=gnu17，该值提供了一些 C 语言扩展，在极少数情况下，这些扩展会与 C 语言标准产生冲突。对于 Clang，默认值为-std=gnu11。为了便于移植，应该指定使用的标准。要想访问新的语言特性，请指定最近的标准。-std=c17 是一个不错的选择（在 2020 年）。

6. -pedantic

当代码没有严格遵守标准时，-pedantic 选项会发出警告。该选项通常与-std=结合使用，以提高代码的可移植性。

7. -D_FORTIFY_SOURCE=2

_FORTIFY_SOURCE 宏为检测内存和字符串操作函数中的缓冲区溢出提供了轻量级支持。并不是所有类型的缓冲区溢出都可以通过这个宏检测到，但是使用-D_FORTIFY_SOURCE=2 编译源代码能够为内存复制函数添加一层额外的验证，这类函数（比如 memcpy、memset、strcpy、strcat 和 sprintf）是缓冲区溢出的潜在源头。一些检查可以在编译期间执行并产生诊断，其他检查则发生在运行期，会导致运行期错误。

8. -fpie -Wl、-pie 和-fpic -shared

地址空间布局随机化（address space layout randomization，ASLR）是一种将进程地址空间随机化的安全机制，以阻止攻击者定位想要执行的代码。可以在《C 和 C++安全编码》一书中了解更多关于 ASLR 和其他安全缓解措施的信息。

必须指定-fpie -Wl, -pie 选项来创建位置无关的可执行文件，并使你的主程序有可能启用 ASLR。但是，尽管这些选项为主程序生成的代码是位置无关的，但的确用到了一些无法在共享库（动态共享库）中使用的重定位技术。对此，使用-fpic，并在链接时加入-shared 选项，避免在支持位置无关共享库的架构上进行代码重定位。动态共享对象始终与位置无关,因此支持 ASLR。

11.2.2 Visual C++

Visual C++提供了各种各样的编译器选项,其中很多与 GCC 和 Clang 的选项类似。一个明显的区别是,Visual C++通常使用正斜线(/)而不是连字符(-)表示选项。表 11-2 列出了推荐的 Visual C++编译器选项和链接器选项。

表 11-2　推荐的 Visual C++编译器选项和链接器选项

选　　项	作　　用
/guard:cf	添加控制流安全检查
/analyze	启用静态分析
/sdl	启用安全特性
/permissive-	为编译器指定标准一致性模式
/O2	将优化级别设置为 2
/W4	将编译器警告级别设置为 4
/WX	将链接器警告视为错误

这些选项中的部分选项与 GCC 编译器和 Clang 编译器提供的类似。对已部署的代码来说,/O2 是一个不错的优化级别,而/Od 则禁止优化,目的是加快编译速度并简化调试。/W4 是一个不错的警告级别,尤其是对于新代码,它大致相当于 GCC 和 Clang 中的-Wall。不推荐 Visual C++中的/Wall,因为会产生大量的误报。/WX 会将警告变成错误,等同于 GCC 和 Clang 中的-Werror选项。接下来将进一步详细介绍其余的选项。

1. /guard:cf

如果指定了**控制流保护**(Control Flow Guard,CFG)选项,则编译器和链接器会插入额外的运行期安全检查,检测是否有危害代码的企图。/gruad:cf 选项必须传给编译器和链接器。

2. /analyze

/analyze 选项可以启用静态分析,提供代码中可能存在的缺陷信息。11.5 节会详细讨论静态分析。

3. /sdl

/sdl 选项可以启用附加的安全特性(包括将额外的安全相关警告视为错误)以及安全代码生成功能。另外,它还支持 Microsoft **安全开发生命周期**(Security Development Lifecycle,SDL)

中的其他安全特性。/sdl 选项应该在所有需要考虑安全性的生产构建中使用。

4. /permissive-

可以使用/permissive-来帮助识别和修复代码中的一致性问题，从而提高代码的正确性和可移植性。该选项禁止宽松行为（permissive behavior），并会为严格一致性设置/Zc 编译器选项。在 IDE 中，该选项还会给不合格的代码添加下划线。

11.3　调试

我从事专业编程已近 40 年了。在此期间，也许有那么一两次，我写的程序能够一气呵成地编译并运行成功。其他时候，调试是少不了的。

下面来调试一个有问题的程序。代码清单 11-6 所示的程序测试 print_error 函数，但是没有获得预期的结果。

代码清单 11-6　打印错误

```
#define __STDC_WANT_LIB_EXT1__ 1
#include <stdio.h>
#include <string.h>
#include <stdlib.h>
#include <errno.h>
#include <malloc.h>

errno_t print_error(errno_t errnum) {
  rsize_t size = strerrorlen_s(errnum);
  char* msg = malloc(size);
❶ if ((msg != NULL) && (strerror_s(msg, size, errnum) != 0)) {
    fputs(msg, stderr);
    return 0;
  }
  else {
❷  fputs("unknown error", stderr);
    return ENOMEM;
  }
}

int main(void) {
  print_error(ENOMEM);
  exit(1);
}
```

在 Visual C++中运行该程序，输出结果如下所示。

```
unknown error
```

这并不是此次测试预期的结果。ENOMEM 宏应该产生类似于"out of memory"的字符串。输出的字符串"unknown error"可能意味着执行了 else 子句中的 fputs 调用❷，如果调用 malloc 或 strerror_s 失败，就会出现这种情况。还有一种微小的可能性，strerror_s 返回的字符串就是"unknown error"。要想验证这种可能性，可以把位置❷处的字符串输出改成诸如"bananarama"之类的内容，然后重新运行测试。当重新编译并测试时，输出结果如下所示：

---

bananarama

可以将此视为执行了 else 语句的确凿证据。这表明❶处的测试结果为假，导致 else 语句被执行。我们需要测试是否是这样。

新手程序员都有一种在代码中遍布打印语句来调试一切的强烈倾向，但使用调试器的效率要高得多。在 Visual C++中，可以从 Debug 菜单中选择 Start Debugging 来启动调试器。在此之前，应该设置断点，这将在程序中标记希望调试器暂时中止执行并允许你检查程序状态的位置。在 Visual C++中，通过单击代码左侧的行号来设置断点，例如，在❶处的 if 语句左侧。

设置好断点，然后开始调试。调试器应该会在执行 if 语句之前停下来。在继续运行之前，最好通过查看一些局部变量和自动变量的值来检查程序状态。尤其是查看 msg 的值，确定 malloc 调用成功。这个值应该出现在显示自动变量的 Autos 选项卡或显示局部变量的 Locals 选项卡中。无论是哪种情况，应该都会看到类似于表 11-3 所示的内容。

表 11-3 Auto 选项卡中显示的自动变量的值

名　称	值	类　型
errnum	12	int
msg	0x00a56120 "ÍÍÍÍÍÍÍÍÍÍÍÍÍÍÍÍÍýýýý\bP¥"	char *
size	16	unsigned int

在此选项卡中，可以看到自动变量 errnum、msg 和 size 的值和类型。注意，msg 有一个有效的地址，指向一些未初始化的内存。这些变量此刻都具有合理的值。

接下来可以做的是**单步执行**，或者执行整个当前代码行。Visual C++提供了 3 种可用的单步执行变体：Step Into、Step Over 和 Step Out。

Step Into 使程序执行到任何被调用函数的第 1 行。只要还有源代码，此选项就将继续深入每个函数调用中。Step Over 继续执行当前函数中的下一行。Step Out 继续执行，直到当前执行的函数退出。

本例将选择 Step Over，看看接着执行哪一个语句。控制来到了 else 子句中的 fputs 调用❷，但是仍不清楚为什么会这样。一种可能性是 strerror_s 调用失败，所以我们尝试捕获该错误。

可以在 Visual C++中检查函数的返回值，不过我们选择临时重写 print_error 函数，将 strerror_s 函数的返回值保存在自动变量 status 中，如代码清单 11-7 所示。现在可以方便地检查该变量中保存的值了。

代码清单 11-7　重写 print_error 函数

```
errno_t print_error(errno_t errnum) {
  rsize_t size = strerrorlen_s(errnum);
  char* msg = malloc(size);
  if (msg != NULL) {
    errno_t status = strerror_s(msg, size, errnum);
❶   if (status != 0) {
      fputs(msg, stderr);
      return ENOMEM;
    }
  }
  else {
    fputs("unknown error", stderr);
    return ENOMEM;
  }
}
```

在 status != 0 的测试处设置断点❶，在调试器中检查自动变量 status 的值，判断发生了什么错误。你看到的 status 的值应该是 0，说明没有发生错误，因此排除了 strerror_s 出现问题的可能性。

现在看到 status 的值为 0，很明显❶处的测试搞反了，我们想要在调用 strerror_s 成功时而不是失败时打印错误信息。可以通过测试 status 是否为 0 来修复此缺陷。

```
  if (status == 0) {
```

搞定了这个 bug，我们觉得自己又无所不能了，再次运行该程序。

```
Not enough spac
```

我们的思路好像没错，也得到了正确的错误消息，但是错误消息似乎被截断了。不管怎么说，在某种程度上还是有进步的。在这种时候，我通常都会迫切地去阅读文档。C 语言标准的 K.3.7.4.2 节 "The strerror_s function" 有如下说明[①]。

---

① strerror_s 的函数原型为 errno_t strerror_s(char *s, rsize_t maxsize, errno_t errnum)。——译者注

如果所需字符串的长度小于maxsize，那么就将该字符串复制到由s指向的数组。否则，如果maxsize大于0，就将maxsize-1个字符从该字符串复制到s指向的数组，然后将s[maxsize-1]设置为空字符。如果maxsize大于3，则将s[maxsize-2]、s[maxsize-3]和s[maxsize-4]设置为点号（.）。

我们现在发现事情比最初预想的要糟糕得多（往往如此）。因为如果没有完全复制一个字符串，那么边界检查接口通常会失败，如果 strerror_s 函数不能将字符串完全复制到可用的存储空间中，那么 print_error 就会认为它失败了，但显然事实并非如此。但是，我们也没有看到如标准要求那样的将字符串结尾设置为"..."的在案行为（documented behavior）。这将导致以下输出。

Not enough s...

检查 strerrorlen_s 函数的规范，可以看到该函数会返回完整的消息字符串的字符数（不包括空字符）。这就说得通了，同时也和 strlen 函数的行为一致。也许可以通过给 size 再加上 1 字节来解决这个问题。

---

rsize_t size = strerrorlen_s(errnum) + 1;

我们再次鼓足信心，运行该程序。

Not enough space

显然，信心不是白给的，完整的错误消息现在已经成功输出了。然而，print_error 函数的这个版本仍然存在一处缺陷。我稍后会提到，不过你不妨试试能不能找出来。

一旦 print_error 函数调试成功，就可以将其还原为形式更紧凑的正确版本或者保持不变了。如果你再次修改代码，则务必重新测试程序，确保没有问题。还应该花时间向开发人员报告实现中的任何缺陷。

11.4 单元测试

现在已经有了 print_error 函数的"可用"实现，是时候进行一些单元测试，确认对该函数已经可以投入使用的假设了。**单元检查**是一些用于测试你的代码的小程序。**单元测试**是验证软件的每个单元是否按设计执行的过程。**单元**是任何软件中最小的可测试部分，在 C 语言中，这通常是单独的函数或数据抽象。

可以编写类似于普通应用程序代码的简单测试（例如，代码清单 11-7），但通常使用**单元测试框架**还是有好处的。有多种单元测试框架可用，包括 Google Test、CUnit、Unity、DejaGnu 和 CppUnit。本书将研究其中最流行的框架（根据 JetBrains 对 C 开发生态系统的最新调查结果）：Google Test。

Google Test 适用于 Linux、Windows 以及 macOS。该框架是用 C++编写的，所以可以借着测试来学习另一种（相关）的编程语言。在 Google Test 中，需要写断言来验证被测试代码的行为。Google Test 是函数式宏，是真正的测试语言。如果测试崩溃或者断言失败，它就会失败；反之，则为成功。断言的结果可以是成功、非致命失败（nonfatal failure）或致命失败（fatal failure）。如果出现致命失败，那么当前函数将被中止；否则，程序继续正常执行。

Google Test 已被纳入 Visual Studio 2017 IDE 以及更高版本，作为具有 C++工作负载的桌面开发默认组件。这使其更易于在 Windows 中设置和使用。

在 Visual C++中使用 Google Test 测试代码清单 11-8 中所示的 get_error 函数。该函数类似于 print_error 函数，但只是简单地返回作为参数传入的错误编号所对应的错误消息，不再打印。

代码清单 11-8 get_error 函数

```
char *get_error(errno_t errnum) {
  rsize_t size = strerrorlen_s(errnum) + 1;
  char* msg = malloc(size);
  if (msg != NULL) {
    errno_t status = strerror_s(msg, size, errnum);
    if (status != 0) {
      strncpy_s(msg, size, "unknown error", size-1);
    }
  }
  return msg;
}
```

代码清单 11-9 展示了如何测试 get_error 函数。大多数 C++代码是样板，无须修改，直接复制即可，包括 main 函数，它会调用一个函数式宏 RUN_ALL_TESTS 来运行你定义的测试。

代码清单 11-9 get_error 函数的单元测试

```
#include "pch.h"
❶ extern "C" char* get_error(errno_t errnum); // 在 C 源文件中实现

namespace {
❷   TEST(MyTestSuite, MsgTestCase) {
     EXPECT_STREQ(get_error(ENOMEM), "Not enough space");
     EXPECT_STREQ(get_error(ENOTSOCK), "Not a socket");
     EXPECT_STREQ(get_error(EPIPE), "Broken pipe");
   }
```

```
} // 命名空间

int main(int argc, char** argv) {
  ::testing::InitGoogleTest(&argc, argv);
  return RUN_ALL_TESTS();
}
```

有两处不是样板：extern "C"声明❶和测试部分❷。extern "C"声明更改了链接要求，以便 C++编译器不会像往常一样重整（mangle）函数名。你需要为每个被测试的函数添加类似的声明，或者可以像下面这样简单地将 C 语言头文件包含在 extern "C"块中。

```
extern "C" {
  #include "api_to_test.h"
}
```

本例中的测试使用了 TEST 宏，该宏定义了一个特定的测试用例并接受两个参数。TEST 宏的第一个参数是**测试套件**的名称，这是要在特定测试周期中执行的一组测试用例。第二个参数是**测试用例**的名称，这是基于测试条件开发的一组前提条件、输入、操作（适用情况下）、预期结果和后置条件。进一步的定义参见国际软件测试资格委员会（International Software Testing Qualifications Board，ISTQB）。

在函数体中插入 Google Test 断言以及需要包括在内的其他 C++语句。代码清单 11-9 中使用了 EXPECT_STREQ 断言，以验证两个字符串是否具有相同的内容。该断言出现在多个错误编号处，用于验证函数为每个错误编号返回了正确的字符串。EXPECT_STREQ 断言属于非致命断言，因为即便某个断言失败，测试依然继续进行。这通常比致命断言更可取，因为它允许在单个"运行–编辑–编译"周期内检测和修复多个 bug。如果初始失败后不能再继续测试（例如，后续操作依赖于之前的结果），则可以使用致命的 ASSERT_STREQ 断言。

测试用例用于测试来自<errno.h>的一些错误编号。测试量取决于你的目标。理想情况下，应该全面测试，这意味着要为<errno.h>中的每个错误编号添加一个断言。然而，这可能会令人厌烦。一旦确认代码奏效，你基本上只需要测试所用到的底层 C 标准库函数是否正确实现。而我们可以测试可能要检索的错误编号，但这依然不是一件让人愉悦的事情，因为我们不得不找出程序中调用的所有函数及其可能返回的错误编号。

代码清单 11-9 选择实施抽查，从错误编号列表中随机选出一些。测试结果如代码清单 11-10 所示。

代码清单 11-10 测试 MyTestSuite.MsgTestCase

```
.\crash-test.exe
[==========] Running 1 test from 1 test case.
```

```
[----------] Global test environment setup.
[----------] 1 test from MyTestSuite
[ RUN ] MyTestSuite.MsgTestCase
crash-test\TestMain.cpp(39): error: Expected equality of these values:
  get_error(128)
❶ Which is: "Unknown error"
❷ "Not a socket"
[ FAILED ] MyTestSuite.MsgTestCase (5 ms)
[----------] 1 test from MyTestSuite (10 ms total)

[----------] Global test environment tear-down
[==========] 1 test from 1 test case ran. (31 ms total)
[ PASSED  ] 0 tests.
[ FAILED  ] 1 test, listed below:
[ FAILED  ] MyTestSuite.MsgTestCase

1 FAILED TEST
```

结果有点儿令人惊讶（至少我感到惊讶），有两个断言通过了，但是 get_error(ENOTSOCK) 调用失败了，因为 strerror_s 返回的是 "Unknown error" ❶，而非 "Not a socket" ❷。

在提交了强制性的缺陷报告之后，剩下的是如何解决这个问题。第一种解决方案是坦然接受。这意味着如果返回此 errno，那么用户可能会看到一条含义模糊的 "Unknown error" 消息，而不是更有用的信息。如果你觉得这样没问题，那么可以将预期结果更改为 "Unknown error" 或是保持测试用例不变，因为你知道最终可能需要用一个失败的测试用例来部署应用程序。无论哪种情况，你应该都能确定库的实现者是否最终修复了所报告的缺陷。

如果不喜欢这种含义模糊的错误消息，则可以为 strerror_s 函数编写一个包装器方法，提供缺失的错误消息。要是打算这么做的话，你可能得花些时间对 get_error 函数和 strerror_s 函数进行全面的测试，确定所有需要修复的情况。

11.5　静态分析

静态分析包括在不执行代码的情况下评估代码的任何过程（ISO/IEC TS 17961:2013），目标是提供可能存在的软件缺陷信息。这类分析可以手动执行，但随着程序日益复杂，手动分析很快就变得不可行了。因此，可以改用静态分析工具。

静态分析在实践中有局限性，因为软件的正确性在计算上是不可判定的。例如，计算机科学中的停机定理（halting theorem）指出，有些程序的精确控制流无法静态确定。对某些程序来说，未必能够判定依赖于控制流的属性（比如停机）。因此，静态分析可能无法报告缺陷，或者可能报告了不存在的缺陷。

未能报告代码中的真正的缺陷被称为**漏报**（false negative）。漏报属于严重的分析错误，因为这可能会给你带来一种虚假的安全感。大多数工具选择"稳"字当头，所以可能会产生误报。**误报**（false positive）是测试结果错误地表明存在缺陷。有些工具可能会选择报告一些高风险缺陷，而遗漏其他缺陷，这是为了避免误报吓到用户而产生的意外结果。当代码过于复杂而无法执行完整分析时，也会出现误报。函数指针和库的使用会增加误报的可能性。

理想情况下，工具的分析应该完备且可靠（complete and sound）。如果一个分析器不会漏报，那么它就被认为是**可靠**的。如果一个分析器不会误报，那么它就被认为是**完备**的。给定规则的可能性如图 11-1 所示。

图 11-1　完备性和可靠性

编译过程执行有限的静态分析，对代码中高度局部化的问题进行诊断，不需要太多的推理。例如，在比较有符号值和无符号值时，编译器可能会发出类型不匹配的诊断信息，因为这不需要额外的信息来识别错误。前面讨论过的选项，比如 Visual C++ 的 /W4 以及 GCC 和 Clang 的 -Wall，控制着你看到的编译器输出。

编译器通常提供了高质量的诊断信息，所以不应该忽略它们。坚持尝试理解警告背后的原因，重写代码来消除错误，而不是通过简单地加入类型转换让警告"闭嘴"，或是随意更改，直至警告消失。此主题的更多信息参见 CERT C 规则 MSC00-C（Compile cleanly at high warning levels，在高警告级别下干净地编译）。

一旦解决了代码中的编译器警告，就可以使用单独的静态分析器来识别其他缺陷。静态分析器通过评估程序中的表达式、执行深度的控制和数据流分析，以及对值的可能范围和选择的控制流路径进行推理来诊断更复杂的缺陷。

使用工具定位以及识别程序中的特定错误，要比花费数小时测试和调试容易得多，付出的成本也比部署有缺陷的代码少得多。可用的静态分析工具比比皆是，既有免费版，也有商业版。例如，Visual C++ 就提供了静态分析功能，可以使用 /analyze 选项启用。Visual C++ 的静态分析允许指定要运行的规则集（比如推荐规则集、安全性规则集或国际化规则集），或是运行所有规则集。关于 Visual C++ 的静态分析功能，详见 Microsoft 网站上的"Code analysis for C/C++ overview"一文。类似地，Clang 也提供了静态分析器，既可以作为独立工具运行，也可以在 Xcode 中运行。

GCC 10 也有一个简单的静态分析器。除此之外，还有商业化的静态分析工具，比如 GrammaTech CodeSonar、TrustInSoft Analyzer、SonarSource SonarQube、Synopsys Coverity、LDRA Testbed、Perforce Helix QAC 等。

很多静态分析工具有自己独特的功能，不妨尝试使用多种工具。

11.6　动态分析

动态分析是在执行过程中评估系统或组件的过程，也被称为**运行期分析**或其他类似名称。

动态分析的一种常见方法是代码**插桩**（例如，启用编译期选项，向可执行文件注入额外指令），然后运行插桩后的可执行文件。第 6 章中讲过的调试内存分配库 dmalloc 就采用了类似的方法。dmalloc 库提供了具有运行期可配置的调试功能的替换内存管理例程。可以使用命令行工具（也叫作 dmalloc）控制这些例程的行为，以检测内存泄漏并发现和报告诸如在对象的边界之外写入、在指针被释放后继续使用之类的缺陷。

动态分析的优势在于低误报率，所以如果这类工具指出了问题，那么就赶紧修复。

动态分析的一个缺点是要求充足的代码覆盖面。如果有缺陷的代码路径在测试过程中并未被触及，那么就无法找出缺陷。另一个缺点是插桩行为可能会以不良的方式（比如额外的效率开销或增加了二进制文件大小）改变程序的其他方面。

AddressSanitizer 是一款高效的动态分析工具，可（免费）用于多种编译器。其他一些净化器（sanitizer）包括 ThreadSanitizer、MemorySanitizer、Hardware-Assisted AddressSanitizer 和 UndefinedBehaviorSanitizer。有很多商业版和免费版的动态分析工具可供选择。下面我将通过详细讨论 AddressSanitizer 来展示这些工具的价值。

AddressSanitizer

AddressSanitizer（ASan）以一款用于 C 程序和 C++程序的动态内存错误检测器。ASan 已被纳入 LLVM 3.1 版和 GCC 4.8 版以及它们的更高版本。从 Visual Studio 2019 开始，也可以使用 ASan。这款动态分析工具可以发现各种内存错误，其中包括：

❑ 内存释放后继续访问（解引用悬空指针）；
❑ 堆、栈以及全局缓冲区溢出；
❑ 局部对象在返回后访问；
❑ 局部对象在作用域外访问；

❑ 初始化顺序 bug；

❑ 内存泄漏。

为了演示 ASan 的功用，本书将使用 ASan 对重写后的 print_error 函数（参见代码清单 11-7）和 get_error 函数（参见代码清单 11-8）进行插桩，然后在 Ubuntu Linux 中分析代码。我们已经为 get_error 函数开发了单元测试（参见代码清单 11-9），为此要对其加以扩展。

代码清单 11-11 所示的 Google Test 代码测试了两个工具函数的错误打印功能。除了确保 get_error 函数返回正确字符串的测试，这里还添加了非致命的 EXPECT_EQ 断言，用于测试 print_error 函数的返回值是否为 0。

代码清单 11-11　错误打印功能测试

```
TEST(PrintTests, MsgTestCase) {
  ASSERT_STREQ(get_error(ENOMEM), "Not enough space");
  ASSERT_STREQ(get_error(ENOTSOCK), "Not a socket");
  ASSERT_STREQ(get_error(EPIPE), "Broken pipe");
  EXPECT_EQ(print_error(ENOMEM), 0);
  EXPECT_EQ(print_error(ENOTSOCK), 0);
  EXPECT_EQ(print_error(EPIPE), 0);
}
```

接下来，需要在 Ubuntu Linux 中构建并运行此代码。

1. 在 Ubuntu Linux 中构建代码

如果成功编译并测试了代码清单 11-8 中的 get_error 函数，那么在你的 Ubuntu Linux 机器上应该已经有了一个可行的边界检查接口实现。然后，可能需要使用 apt-get 命令在 Ubuntu 中安装 Google Test 开发包。

```
% sudo apt-get install libgtest-dev
```

这个开发包只安装源代码，因此还需要编译代码，创建必要的库文件。使用如下代码将目录切换至包含着源文件的/usr/src/gtest 并使用 cmake 编译库。

```
% sudo apt-get install cmake # 安装 cmake
% cd /usr/src/gtest
% sudo cmake CMakeLists.txt
% sudo make
% # 将 libgtest.a 和 libgtest_main.a 复制（或符号链接）到目录/usr/lib
% sudo cp *.a /usr/lib
```

在继续之前，现在应该能够在 Ubuntu 机器上构建和运行代码清单 11-11 中的 PrintTests 了。

这可能需要修改源代码并构建文件。

2. 运行测试

get_error 函数和 print_error 函数所使用的 strerror_s 函数会返回区域设置特定的消息字符串。运行代码清单 11-11 的测试，你可能会注意到有些地方不太对，也就是 get_error 函数的测试全都失败了。这是因为这些测试最初是使用 Windows 版的 Visual C++开发的，Ubuntu Linux 会返回不同的区域设置特定的消息字符串。如果这不是你所期望的行为，你可能需要重写这两个函数，使其无论区域设置如何，都返回相同的字符串。否则，如代码清单 11-12 所示，可以重写测试，验证是否返回了所期望的区域设置特定的消息字符串（以粗体显示）。

代码清单 11-12　修改后的错误打印测试

```
TEST(PrintTests, MsgTestCase) {
  EXPECT_STREQ(get_error(ENOMEM), "Cannot allocate memory");
  EXPECT_STREQ(get_error(ENOTSOCK), "Socket operation on non-socket");
  EXPECT_STREQ(get_error(EPIPE), "Broken pipe");
  EXPECT_EQ(print_error(ENOMEM), 0);
  EXPECT_EQ(print_error(ENOTSOCK), 0);
  EXPECT_EQ(print_error(EPIPE), 0);
}
```

运行代码清单 11-12 中修改后的测试，应该会产生如代码清单 11-13 所示的积极结果。一个没有经验的测试人员看到这些结果，可能会错误地认为："嘿，代码管用了!"但是，你应该采取额外的步骤来提高自己对于代码已无缺陷的信心。

代码清单 11-13　测试 printTests

```
student@scode:~/Examples/asan$ ./runTests
[==========] Running 1 test from 1 test case.
[----------] Global test environment set-up.
[----------] 1 test from PrintTests
[ RUN      ] PrintTests.MsgTestCase
Cannot allocate memory
Socket operation on non-socket
Broken pipe
[       OK ]
PrintTests.MsgTestCase (0 ms)
[----------] 1 test from PrintTests (0 ms total)

[----------] Global test environment tear-down
[==========] 1 test from 1 test case ran. (0 ms total)
[  PASSED  ] 1 test.
```

现在已经有了一个可行的测试工具，是时候对代码插桩了。

3. 代码插桩

可以使用 AddressSanitizer，加入 -fsanitize=address 选项编译并链接程序，对代码进行插桩。要在错误消息中获得更多的栈跟踪信息，可以加入 -fno-omit-frame-pointer 选项；要获得符号调试信息，可以加入 -g3 选项。使用 cmake，在 CMakeLists.txt 文件中包含以下行来添加这些选项。

```
set (CMAKE_C_FLAGS "${CMAKE_C_FLAGS} -g3 -fno-omit-frame-pointer -fsanitize=address")
```

如前所述，AddressSanitizer 适用于 Clang、GCC 以及 Visual C++。[①]取决于所用编译器的具体版本，可能还需要加入下列环境变量。

```
ASAN_OPTIONS=symbolize=1
ASAN_SYMBOLIZER_PATH=/path/to/llvm_build/bin/llvm-symbolizer
```

设置妥当之后，尝试重新构建并运行测试。

4. 运行测试

使用 Google Test 编写的单元测试应该还能继续通过，但也会允许 AddressSanitizer 检测代码中的其他问题。代码清单 11-14 展示了运行 PrintTests 产生的额外输出。

代码清单 11-14 PrintTests 的插桩测试

```
❶ ==16447==ERROR: LeakSanitizer: detected memory leaks

Direct leak of 31 byte(s) in 1 object(s) allocated from:
    #0 0x7fd8e3a1db50 in __interceptor_malloc
    (/usr/lib/x86_64-linux-gnu/libasan.so.4+0xdeb50)
❷ #1 0x564622aa0b39 in print_error ~/asan/PrintUtils/print_utils.c:12
    #2 0x564622a65839 in TestBody ~/asan/TestMain.cpp:49
    #3 0x564622a91754 in void
      testing::internal::HandleSehExceptionsInMethodIfSupported
      <testing::Test, void>(testing::Test*, void (testing::Test::*)(),
      char const*) (~/asan/runTests+0x35754)
    #4 0x564622a8b75c in void
      testing::internal::HandleExceptionsInMethodIfSupported
      <testing::Test, void>(testing::Test*, void (testing::Test::*)(),
      char const*) (~/asan/runTests+0x2f75c)
    #5 0x564622a6f139 in testing::Test::Run() (~/asan/runTests+0x13139)
    #6 0x564622a6fa6f in testing::TestInfo::Run() (~/asan/runTests+0x13a6f)
    #7 0x564622a700f9 in testing::TestCase::Run() (~/asan/runTests+0x140f9)
    #8 0x564622a76fc5 in testing::internal::UnitTestImpl::RunAllTests()
      (~/asan/runTests+0x1afc5)
    #9 0x564622a9291a in bool
      testing::internal::HandleSehExceptionsInMethodIfSupported
```

---

① 参见 Microsoft C++ Team Blog 中的 "AddressSanitizer (ASan) for Windows with MVSC" 一文。

```
    <testing::internal::UnitTestImpl, bool>(testing::internal::UnitTest
    Impl*, bool (testing::internal::UnitTestImpl::*)(), char const*)
    (~/asan/runTests+0x3691a)
#10 0x564622a8c598 in bool
     testing::internal::HandleExceptionsInMethodIfSupported
     <testing::internal::UnitTestImpl, bool>(testing::internal::UnitTest
     Impl*, bool (testing::internal::UnitTestImpl::*)(), char const*)
     (~/asan/runTests+0x30598)
#11 0x564622a75b89 in testing::UnitTest::Run() (~/asan/runTests+0x19b89)
#12 0x564622a66715 in RUN_ALL_TESTS() /usr/include/gtest/gtest.h:2233
#13 0x564622a65fd7 in main ~/asan/TestMain.cpp:57
#14 0x7fd8e2b13b96 in __libc_start_main
     (/lib/x86_64-linux-gnu/libc.so.6+0x21b96)
```

代码清单 11-14 只显示了产生的几处发现中的第一处。栈跟踪的大部分内容来自测试基础设施（test infrastructure）本身，无助于定位缺陷，无须关注。所有值得注意的信息都在输出内容和栈的顶部。

首先，我们得知 LeakSanitizer（AddressSanitizer 的组件）"检测出了内存泄漏"❶，指明某个对象直接泄漏了 31 字节。栈跟踪为我们指出了下列代码行❷。

```
#1 0x564622aa0b39 in print_error ~/asan/PrintUtils/print_utils.c:12
```

该行在 print_error 函数中调用了 malloc。

```
errno_t print_error(errno_t errnum) {
  rsize_t size = strerrorlen_s(errnum);
  char* msg = malloc(size);
  //---snip---
}
```

这是一个相当明显的错误。malloc 的返回值被赋给了在 print_error 函数中定义的自动变量且内存一直未被释放。该函数返回后，我们便失去了释放已分配内存的机会，保存内存指针的对象的生命期也已结束。为了修复这个问题，在内存不再使用之后，但在函数返回之前，添加 free(msg) 调用。重新运行测试，修复检测到的其他问题，直至满意为止。

11.7　练习

尝试自己完成下列编码练习。

❏ 使用 Visual C++ 自带的静态分析器评论代码清单 11-1 中的缺陷代码。静态分析器是否提供了额外的发现？

❏ 评估使用 AddressSanitizer 对 PrintTests 进行插桩测试的其余结果。解决检测到的确凿错误。

❏ 尝试使用其他可用的净化器对 PrintTests 进行插桩测试并解决找出的问题。

❏ 在真实代码中运行本章介绍的这些以及类似的测试技术、调试技术和分析技术。

11.8　小结

在本章中，你学习了静态断言和运行期断言，知晓了 GCC、Clang 和 Visual C++中一些更重要且推荐的编译器选项，另外还学习了如何使用静态分析和动态分析来调试代码、测试代码以及分析代码。这些都是本书最后的重要课程，因为你会发现作为一名专业的 C 程序员，要花大量时间来调试代码和分析代码。

参考文献

[1] American National Standards Institute (ANSI), 1986. "Information Systems—Coded Character Sets—7-Bit American National Standard Code for Information Interchange (7-Bit ASCII)." ANSI X3.4-1986.

[2] BOUTE R T, 1992. "The Euclidean Definition of the Functions div and mod." *ACM Transactions on Programming Language and Systems 14*, no. 2 (April): 127–144.

[3] DIJKSTRA E, 1968. "Go To Statement Considered Harmful." *Communications of the ACM* 11, no. 3.

[4] HOLLASCH S, 2019. "IEEE Standard 754 Floating-Point Numbers."

[5] HOPCROFT J E, JEFFREY D U, 1979. *Introduction to Automata Theory, Languages, and Computation*. Reading, MA: Addison-Wesley.

[6] IEEE and The Open Group, 2018. "Standard for Information Technology — Portable Operating System Interface (POSIX), Base Specifications," Issue 7. IEEE Std 1003.1, 2018 edition.

[7] IEEE, 2008. "IEEE Standard for Floating-Point Arithmetic." *IEEE Std 754-2008* (August): 1–70.

[8] ISO/IEC/IEEE, 2011. "Information Technology—Microprocessor Systems—Floating-Point Arithmetic." ISO/IEC/IEEE 60559:2011.

[9] ISO/IEC, 1990. "Programming Languages—C," 1st ed. ISO/IEC 9899:1990.

[10] ISO/IEC, 1999. "Programming Languages—C," 2nd ed. ISO/IEC 9899:1999.

[11] ISO/IEC, 2007. "Information Technology—Programming Languages, Their Environments and System Software Interfaces—Extensions to the C Library—Part 1: Bounds-Checking Interfaces." ISO/IEC TR24731-1:2007.

[12] ISO/IEC, 2010. "Information Technology—Programming Languages, Their Environments and System Software Interfaces—Extensions to the C Library—Part 2: Dynamic Allocation Functions." ISO/IEC TR24731-2:2010.

[13] ISO/IEC, 2011. "Programming Languages—C," 3rd ed. ISO/IEC 9899:2011.

[14] ISO/IEC, 2013. "Information Technology—Programming Languages, Their Environments and System Software Interfaces—C Secure Coding Rules." ISO/IEC TS 17961:2013.

[15] ISO/IEC, 2014. "Floating-Point Extensions for C—Part 1: Binary FloatingPoint Arithmetic." ISO/IEC TS 18661-1:2014.

[16] ISO/IEC, 2015. "Floating-Point Extensions for C—Part 3: Interchange and Extended Types." ISO/IEC TS 18661-3:2015.

[17] ISO/IEC, 2018. "Programming Languages—C," 4th ed. ISO/IEC 9899:2018.

[18] KERNIGHAN B W, DENNIS M R, 1988. *The C Programming Language*, 2nd ed. Upper Saddle River, NJ: Prentice Hall.

[19] KNUTH D, 1997. *Fundamental Algorithms*, 3rd ed., volume 1 of *The Art of Computer Programming*, chapter 2, pages 438–442. Boston: Addison-Wesley

[20] KUHN M, 1999. "UTF-8 and Unicode FAQ for Unix/Linux." June 4, 1999.

[21] LAMPORT L, 1979. "How to Make a Multiprocessor Computer That Correctly Executes Multiprocess Programs." *IEEE Transactions on Computers C-28* 9 (September): 690–691.

[22] LEWIN M, 2012. "All About XOR." *Overload Journal* 109 (June).

[23] SAKS D, 2002. "Tag vs. Type Names." October 1, 2002.

[24] SCHOOF R, 2008. "Four Primality Testing Algorithms." *arXiv preprint arXiv:0801.3840*.

[25] SEACORD R C, 2013. *Secure Coding in C and C++*, 2nd ed. Boston: Addison-Wesley Professional.

[26] SEACORD R C, 2014. *The Cert C Coding Standard: 98 Rules for Developing Safe, Reliable, and Secure Systems*, 2nd ed. Boston: Addison-Wesley Professional.

[27] SEACORD R C, 2017. "Uninitialized Reads." *Communications of the ACM* 60, no. 4 (March): 40–44.

[28] SEACORD R C, 2019. "Bounds-Checking Interfaces: Field Experience and Future Directions." NCC Group whitepaper. June 2019.

[29] The Unicode Consortium, 2020. *The Unicode Standard: Version 13.0—Core Specification*. Mountain View, CA: The Unicode Consortium.

[30] WEIMER F, 2018. "Recommended Compiler and Linker Flags for GCC." Red Hat Developer website. March 21, 2018.